餐饮业大气污染防治技术与认证评价

滕建礼　主编

U0336214

气象出版社
China Meteorological Press

内 容 简 介

本书介绍了餐饮业发展概况、餐饮业大气污染现状以及当前餐饮业大气污染防治政策和污染治理与监测技术等,有助于相关从业人员快速了解行业现状。本书还介绍了餐饮业大气污染物净化设备、在线监测设备的产品认证评价技术要求和餐饮业油烟净化设施运营服务认证技术要求,有助于生产企业和认证人员了解产品认证相关知识。本书也汇集了不同原理的餐饮业大气污染治理与监测技术应用的具体案例,以进一步提高本书的实用性。

本书适合餐饮业油烟净化设备和在线监测仪器生产企业从业人员、相关产品认证的认证检查人员以及有相关产品需求的餐饮业服务单位业主等阅读。

图书在版编目（ＣＩＰ）数据

餐饮业大气污染防治技术与认证评价 / 滕建礼主编
. -- 北京 ：气象出版社，2021.9
ISBN 978-7-5029-7554-8

Ⅰ. ①餐… Ⅱ. ①滕… Ⅲ. ①饮食业－空气污染－污染防治－认证－研究 Ⅳ. ①X510.6

中国版本图书馆CIP数据核字(2021)第190258号

餐饮业大气污染防治技术与认证评价

Canyinye Daqi Wuran Fangzhi Jishu yu Renzheng Pingjia

出版发行：气象出版社

地　　址：北京市海淀区中关村南大街 46 号	**邮政编码**：100081
电　　话：010-68407112（总编室）　010-68408042（发行部）
网　　址：http://www.qxcbs.com	**E - m a i l**：qxcbs@cma.gov.cn
责任编辑：王　迪	**终　　审**：吴晓鹏
责任校对：张硕杰	**责任技编**：赵相宁
封面设计：楠竹文化
印　　刷：北京中石油彩色印刷有限责任公司
开　　本：787 mm×1092 mm　1/16	**印　　张**：4.75
字　　数：130 千字	**彩　　插**：1
版　　次：2021 年 9 月第 1 版	**印　　次**：2021 年 9 月第 1 次印刷
定　　价：40.00 元

编委会名单

主　　编：滕建礼

副主编：高晓晶　莫杏梅

编　　者（按姓氏笔画排序）：

丁　聪　马景赟　王天琦　司传海

李　楠　张　纯　张　坤　张永涛

何佳凝　岳子明　周　茜　莫杏梅

前　言

为改善环境空气质量,加强餐饮业大气污染物排放控制能力,促进餐饮业污染治理技术进步,同时为餐饮业油烟净化设备认证工作提供技术支撑,中国环境保护产业协会组织编写了《餐饮业大气污染防治技术与认证评价》一书。

全书共分为7章,第1章为餐饮业发展概况,主要介绍了国内外餐饮业发展概况,包括餐饮业发展过程、经营模式及主要特点。第2章为餐饮业大气污染物的形成、特征及危害,涉及餐饮业大气污染物的组成成分、形成过程及影响因素,重点介绍了餐饮业大气污染物中油烟、颗粒物和非甲烷总烃的排放特征。第3章为餐饮业大气污染防治政策,梳理了国家、地方层面出台的餐饮业大气污染防治相关法律法规、标准、技术规范等政策,归纳了国内外餐饮业大气污染防治政策要求。第4章为餐饮业大气污染治理与监测技术,介绍了餐饮业大气污染物治理技术原理、设备组成和净化效果以及餐饮业大气污染物在线监测技术等。第5章为产品认证现状,介绍了国内外产品认证的发展概况和我国环保产品认证体系发展现状、环保产品认证典型实施机构、程序和要求等。第6章为餐饮业大气污染防治认证评价技术要求,包括餐饮业大气污染物净化设备、在线监测设备的产品认证评价技术要求和餐饮业油烟净化设施运营服务认证技术要求。第7章为餐饮业大气污染治理与监测技术应用案例,列举了不同净化原理的餐饮业大气污染防治技术应用的具体案例,以供读者参考。

本书由滕建礼主编,高晓晶、莫杏梅为副主编。第1章由李楠、周茜编写,第2章由马景赟、张纯编写,第3章由岳子明、张坤编写,第4章由张永涛、王天琦编写,第5章由何佳凝、莫杏梅编写,第6章由司传海编写,第7章由丁聪编写,高晓晶负责全书统稿工作。

本书编写过程中,上海市环境保护产品质量监督检验总站、北京中研环能环保技术检测中心、深圳市宇驰检测技术股份有限公司3家单位提供了支持和帮助,在此一并表示感谢。

由于水平有限,书中难免有疏漏之处,敬请读者批评指正。

作者

2021 年 6 月

目　录

第1章 餐饮业发展概况

1.1 国内餐饮业发展概况

1.1.1 餐饮业经营模式

1. 餐饮业发展过程

《餐饮业油烟污染物排放标准（征求意见稿）》编制说明中总结了我国的餐饮业自改革开放以来，大致经历的四个发展阶段（图 1-1）[1]：

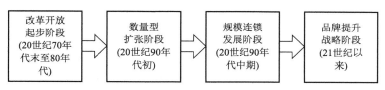

图 1-1　我国餐饮业发展阶段示意图

（1）改革开放起步阶段：20 世纪 70 年代末至 80 年代，各种经济成分投入到餐饮业，使餐饮行业取得了新的发展成就，社会网点迅速增加，这一时期的餐饮业经营模式主要以单店作坊式餐饮店为主。

（2）数量型扩张阶段：20 世纪 90 年代初，社会投资餐饮业资本大幅增加，餐饮网点大量涌出，行业蓬勃发展。

（3）规模连锁发展阶段：20 世纪 90 年代中期，餐饮连锁经营的推进步伐和速度明显加快，很多品牌企业跨地区经营，并抢占了当地餐饮业的制高点，餐饮企业逐步走向连锁规模化成为这一时期的显著特点。与此同时，外资餐饮企业凭借先进的经营管理制度和高效的物流配送体系开始在中国大力发展连锁餐饮店，如肯德基、必胜客、麦当劳等。

（4）品牌提升战略阶段：进入 21 世纪，我国餐饮业发展更加成熟，增长势头不减，整体水平提升，一批知名的餐饮企业在外延发展的同时，更加注重企业文化内涵的建设，综合水平和发展质量不断提高，并开始输出品牌与经营管理模式，品牌创新和连锁经营力度增强，餐饮现代化发展步伐加快。

40 多年来，我国餐饮业产值持续、稳步增长，特别是 2006 年，我国餐饮业收入额首次突破万亿元大关，达到 10345.5 亿元。2008 年至今，全国实现餐饮业产值平均增速超过 10%，始终高于同期的国内生产总值的增长率，是一个快速增长的行业。

国家统计局数据显示（图 1-2），2010—2019 年全国餐饮业收入逐年增加。2019 年全国餐饮收入 46721 亿元，是 2010 年的 2.6 倍，同比增长 9.4%，数据表明居民的消费能力增强，消费层次提高，外出就餐消费额比重持续增长。

图 1-2　2010—2019 年餐饮业年收入增长图[2]

2. 餐饮业经营模式

随着对外开放的扩大和经济持续稳定快速增长,城乡居民收入增加,生活水平不断提高,我国的餐饮业发展非常迅速,基本形成了投资主体多元化、经营业态多样化、经营方式连锁化和行业发展产业化的局面,市场化程度较高。

2016 年 12 月 27 日,商务部发布的《居民生活服务业发展"十三五"规划》(商服贸发〔2016〕488 号)指出:2015 年,我国居民生活服务业营业收入为 5.2 万亿元,比上年增长 12.6%,高于同期国内生产总值增速。大众化需求占主导地位,餐饮等服务逐渐成为百姓的习惯性消费,其中大众化餐饮占餐饮市场的 80%。

随着信息网络的发展,外卖因方便、快捷成为百姓重要就餐方式,其中年轻人是餐饮外卖消费的主力,80 后、90 后及 00 后点过外卖的消费者占比均超过 98%。学生和上班族在外卖消费者中占比较高,分别达到 37% 和 36%[3]。

美团点评联合餐饮老板内参发布的《中国餐饮报告 2019》指出,小吃快餐门店数量优势仍无可撼动,以 44.3% 的门店数量占比持续稳居第一。火锅跃居线上订单量第一品类,全年消费占全品类 20.3%。

80 后、90 后逐渐成为主力消费群体,该群体更加追求性价比和独特性,更重视食材和饮食文化内核,更喜欢以社交、休闲为核心的体验模式。

整体看来,大众餐饮已成为当前餐饮业主流。最为显著的两大经营模式:一是以快餐、外卖业务为核心的产品模式;二是主打环境和情调,以社交、休闲为核心的体验模式。前者解决了大众生理上的饮食刚需,后者则对应大众心理上的社交刚需。

1.1.2　餐饮业发展特点

我国饮食文化历史悠久,由于地理、气候、历史以及饮食风俗的不同,经过漫长的历史演变,我国形成了具有独特风味的区域性菜肴,当前已发展出我们所熟知的八大菜系,即:四川菜系(川菜)、山东菜系(鲁菜)、广东菜系(粤菜)、江苏菜系(苏菜)、浙江菜系(浙菜)、福建菜系(闽菜)、安徽菜系(徽菜)和湖南菜系(湘菜)。随着经济社会的发展,各地的餐饮业表现出不同的特点。

1. 北京市

方便快捷和地方特色小吃是北京地区餐饮业发展的两大特点。

北京餐饮行业的品质提升工作正在驶入快车道,从 2014 年的负增长,到 2015—2016 年的微小增长,再到 2017—2018 年 7％以上的稳步增长。到了 2018 年,北京地区餐饮收入达 1100 亿元,同比增长 7.3％[4]。

北京本地生活研究中心发布的《2019 北京餐饮消费趋势报告》以王府井、国贸、中关村、上地、望京五大商圈为主要抽样区域,对各大商圈不同餐饮品类门店数量、订单数量数据进行抽取,分析了不同商圈中不同餐饮业态的门店活跃度。

报告数据显示,参与本次抽样的五大商圈中,中式快餐的门店数量占全部餐饮门店数量的 11.92％,高出排名第二的"地方特色小吃"7 个百分点。这是由于五大商圈聚集了大量的写字楼,是北京白领集中的区域,方便快捷是大部分白领的首选。

"地方特色小吃"门店增速明显加快,成为在北京五大商圈中门店数量排名第二的餐饮业态,这也反映出当下国内餐饮行业中"小吃品类"成为餐饮创业者发力方向的发展趋势。此前"地方特色小吃"主要以区域型品牌为主,但近两年大有开始在全国范围扩张发展的趋势,如肉夹馍、凉皮、牛肉汤、小面等品类。"地方特色小吃"开始呈现出向快餐化转变的发展趋势,而这也已经成为众多餐饮人关注的新方向和新趋势。

2. 上海市

《2018 年上海餐饮产业发展分析报告》指出上海餐饮产业发展具有以下特点。

(1)新零售、新技术加速渗透,推动餐饮业智慧升级

纵观上海餐饮市场,2017 年,"零售＋餐饮"成为整个零售业和餐饮业发展新思路之一,盒马鲜生、超级物种、百联 RISO、家乐福等品牌竞相推出"超市＋餐饮"的跨界案例,通过线下门店引流,线上外卖销售菜品,完善物流团队,覆盖门店周边区域的智慧服务模式,受到消费者的青睐。

(2)旅游消费提升,拉动餐饮业效应明显

2017 年国庆黄金周期间,上海市共接待游客 1059 万人次,实现旅游收入 106 亿元,比 2016 年同期分别增长 14.2％、16.5％。上海市 400 家零售和餐饮企业销售额达到 111.6 亿元。

此外,在 2018 年春节期间,上海迪士尼效应带动了上海旅游消费,传统大型酒楼餐饮由于过去几年宴请市场的洗牌,反而推动实现了 2018 年春节期间性价比较高的酒楼一桌难求的盛况。

(3)老字号品牌再创新

老字号王家沙店铺开到了机场传播上海味道。江宁路上的绿杨邨定位"接地气、聚人气",主打小吃外卖,兼做价格亲民的白领午餐。

(4)洋快餐本土化

无论是老面孔肯德基、必胜客,还是最新进入上海市场的墨西哥风味连锁餐厅品牌塔可贝尔,为了更好地适应中国消费者口味,在保留经典西式美食风味的同时,都加入了中国本土元素。

(5)品牌餐饮探索菜点标准化

中餐种类繁多、口味多变,再加上地域差异,使得中餐标准化的实现成为行业难题。尽管如此,上海不少餐饮品牌也未曾停止对餐饮标准化的摸索。如上海小南国实施 OEM(Original Equipment Manufacturer,定点模式)模式改革,不仅加大了对菜点的标准化生产,实现 90％的菜点

3

通过 OEM 模式提供,而且对厨房管理模式重新打造,有效降低了成本,利润大幅提升。

3. 广东省

广东省餐饮服务行业协会发布的《2018 年度广东餐饮发展报告》显示,2018 年广东全省实现餐饮收入总额达 3884.59 亿元,同比增速为 5.6%。广州、深圳的餐饮收入总体量占据广东省的"半壁江山"。

伴随着前所未有的消费升级、消费多样化、时尚化需求,团购、外卖、预订等互联网消费平台层出不穷,广东省餐饮新业态、新品类、新模式不断涌现,消费者有了更多元、更多维的选择。

2018 年,广东诸多知名高端餐饮集团已不再困守于大型门店的魔咒,纷纷以多元化、多品牌方式拓展市场,在休闲餐饮市场也连续推出了小炳胜、小山东老家、太二、两个鸡蛋等关联子品牌,这些小而精、小而美的品牌开启了广东餐饮崭新的"小时代"品类。

1.2 国外餐饮业发展概况

西餐是中国人对外国菜式的统称,各国的菜系自成风味,各有风格,风味不同,主要以法国、意大利、美国、英国、德国等国家为主。按主营餐饮模式可以分为连锁经营模式、单店经营模式、快餐和外卖模式。

1. 连锁经营模式

连锁餐饮企业是美国、英国、德国餐饮业的主要营运模式,营业额占比较大。

(1)美国

美国餐饮协会数据显示,2016 年,全美餐饮业收入达到 7987 亿美元,在全国范围内共有 628720 家餐馆,其中有 288585 家连锁经营餐厅,占总数的 45.9%,从业人数约 1470 万人。与独立经营者相比,连锁加盟餐馆的营运成功率较高,营运超过 4 年的有大约 62%。

(2)英国

英国餐饮产业主要分为餐馆、酒吧、公共饮食三大类。英国统计局 2015 年的数据显示,英国餐饮产业的营业额为 622 亿英镑,较上一年增长了 2.8%。连锁经营是英国餐饮产业的重要经营模式,连锁餐饮企业的营业额占整个餐饮市场的比重超过 30%。

(3)德国

2015 年,德国餐饮产业营业额为 736 亿欧元,从业人数约 56 万人,餐饮企业数量目前约 20 万家。连锁经营也是德国餐饮产业的重要经营模式,连锁餐饮企业的营业额占整个餐饮市场的 25%。

2. 单店经营模式

对美食的热爱与追求是意大利文化的重要组成部分,意大利人非常重视菜肴质量。意大利餐饮业紧随法国和西班牙之后,是欧洲第三大餐饮消费市场,人均消费水平超过欧洲平均水平 22%,超过法国平均水平 33%。餐饮企业数量目前约 32 万家,其中 149085 家是酒吧,168289 家是各类餐厅。意大利 95% 的餐馆是单店经营,但连锁餐饮依然有很好的发展前景,尤其是在航空、铁路、机场等场所。

3. 快餐和外卖模式

(1)快餐模式

法国的烹饪技术一向著称于世界,法国菜不仅美味可口,而且种类繁多。法国美食的特色在于使用新鲜的季节性材料,加上厨师个人的独特调理,完成在视觉上、嗅觉上、味觉上和触觉上都独一无二的艺术佳肴,在食物品质、服务水准、用餐气氛上,更是要求精致化的整体表现。除了精致可口的美食外,餐桌摆设、不同餐具的用法以及用餐礼仪,在法国餐饮文化中也占有重要的地位。数据表明,2015 年法国人外出就餐消费支出达 1061 亿美元。在咖啡馆、酒吧和简式餐厅的消费占 10%左右,快餐也逐渐为更多法国人所接受,快餐厅接待人数占法国各式餐馆总接待人数的 67%。

（2）外卖模式

日本国民经济统计中将餐饮业分为五大类:饮食店(包括日本料理、西洋料理、中华料理、东洋烤肉店和其他饮食店)、日本面馆、寿司店、咖啡店、综合饮食店,其行业发展战略也随经济和市场变化不断调整,餐饮品牌发展模式也由"大而全"演变至"小而精"。日本的餐饮产业十分发达、成熟。根据日本总务省统计局数据,2017 年 1—11 月,日本餐饮服务业销售额为 199647 亿日元,同比增长 0.8%,其中外卖外送占比 11.6%,从业人数 495 万人,同比增长 1.7%。

第2章 餐饮业大气污染物的
形成、特征及危害

国内餐饮业的特点是菜系复杂多样,主要以烹、炒、煎、炸为主;西餐则以煎、焗、焖、烩,还有少量的炒菜和沙拉为主,因此中餐产生的餐饮油烟远远高于西餐,且污染物组分也存在明显不同。

餐饮业大气污染物通常称为餐饮油烟,是气、液、固三态的混合物。国家标准《饮食业油烟排放标准(试行)》(GB 18483—2001)对油烟的定义为:食物烹饪、加工过程中挥发的油脂、有机质及其加热分解或裂解产物。目前餐饮业油烟污染源已经成为仅次于工业污染源和交通污染源后的第三大空气污染源[5],在许多城市中,有关餐饮业油烟污染的投诉案件已占到环境污染投诉总量的40%以上,且有逐年上升的趋势[6,7]。

2.1 餐饮业大气污染物的形成

2.1.1 餐饮业大气污染物的组成

按形貌特征分类,餐饮业大气污染物包括颗粒物及气态污染物两类。

1. 餐饮业颗粒物的组成

颗粒物分固态和液态两种,不同餐厅的烹饪方式、用油量、原材料及调料都会影响餐饮业排放颗粒物的理化性质。然而不同的研究结果表明,颗粒物组成较为一致,即其主要存在状态为细颗粒物。

GB 18483—2001 征求意见稿的编制说明中指出:从粒径特征来看,各菜系中 $PM_1/PM_{2.5}$ 质量比为 0.66~0.85,说明餐饮业烹饪过程散发出大量粒径小于 1 μm 的聚集态颗粒物,这类有机气溶胶颗粒与大气充分混合并长时间存在,可影响大气环境。$PM_{2.5}/PM_{10}$ 范围在 0.57~0.62,说明烹饪还会产生约 40% 的油烟粗颗粒,会影响室内空气,在环境中短暂存留后重力沉降。

吴芳谷等[8]对餐饮业油烟的排放特征进行了研究,油烟中颗粒物粒径小于 10 μm 的粒子占总悬浮颗粒物(total suspended particulate,TSP)的 90% 以上,小于 2.5 μm 的粒子占 TSP 的 70% 左右。

赵紫微等[9]研究了深圳市 4 家规模相当的餐厅(粤菜馆、茶餐厅、西餐厅、职工食堂)烹饪过程排放颗粒物的质量浓度、微观形貌、化学组分。研究发现,餐饮源排放颗粒物主要包含 6 种形态:片状、块状、簇状、絮状、球状、不规则状,其中数量最多的为不规则状(30%)和块状颗粒物(21%),块状、片状、球状颗粒物粒径较小,处于小于 2.5 μm 的范围内;絮状和簇状颗粒物粒径普遍偏大,且大部分大于 4.0 μm;不规则状颗粒物在各个粒径段均有分布。

2. 餐饮业气态污染物的组成

餐饮业气态污染物主要是挥发性有机物,GB 18483—2001 征求意见稿的编制说明中指出：典型餐饮服务单位排放油烟废气中的挥发性有机物的组分在不同的菜系中各有不同，但主要特征污染物均含有丙烷、丁烷、异丁烷、乙醇、甲醛乙醛、丙酮/丙烯醛和丙醛等，平均排放浓度均在 $100\ \mu g/m^3$ 以上，此外，还有部分苯系物和卤代烃。实际检测证明，油烟中 VOCs 的组分占比动态范围较大，不同菜系、不同菜品、不同食材与配料、不同烹饪阶段、不同厨师等多种因素都会产生很大的影响。

崔彤等[10]选取了北京市餐饮业中的烧烤、中式快餐、西式快餐、川菜和浙菜 5 种典型菜系的 VOCs 排放特性，研究发现，烧烤的 VOCs 排放组分构成与非烧烤类菜系具有明显区别，主要组分有丙烯、1-丁烯和正丁烷等。非烧烤菜系的主要组分是乙醇，其中西式快餐排放的醛酮类有机物比重较高。

程婧晨等[11]研究了不同菜系餐饮企业排放的油烟中醛酮类化合物浓度特性，由高到低依次是：烤鸭＞中式烧烤＞家常菜＞西式快餐＞学校食堂＞中式快餐＞川菜＞淮扬菜。不同类型餐饮企业油烟中醛酮类化合物组分构成存在较为明显的差异，中式餐饮企业醛酮类化合物 C1～C3 物质所占比例均在 40％以上。快餐类餐饮企业醛酮类化合物 C4～C9 所占比例明显高于其他类型餐饮企业。

2.1.2　餐饮业大气污染物的形成过程

中国的餐饮加工过程通常可分为：准备阶段：洗菜、切菜、解冻食品；烹调阶段：煎、炸、炒、烤、蒸、煮等；结束阶段：倾倒剩余食品，洗涤锅、碗、瓢、盆等器皿，地面清洗等。烹调阶段的煎、炸、炒、烤等过程都会产生油烟污染物。其中炒是中餐最为常用的烹饪方法，可分为热锅干锅、放油热油、食材入锅、翻炒颠勺、调味收尾、出锅几个阶段，不同阶段油烟成分有较大的变化。

（1）热锅干锅阶段

炒锅加热，产生的颗粒物主要为 PM_{10}，气态污染物主要是燃烧产物与食用油蒸汽。

（2）放油热油阶段

食用油加入锅中，产生油烟颗粒物属于 TSP 范畴；油温持续升高，产生油烟颗粒物，主要为 $PM_{2.5}$，气态污染物主要是燃烧产物与食用油蒸汽。

（3）食材入锅阶段

当温度达到要求时，食材下锅。当油滴溅到锅边时，油烟迅速蒸发，在锅面形成浓烟，此过程产生的油烟包含爆炸与挥发凝聚两个模态，产生的油烟粒径在纳米至毫米量级之间均有分布；

食材入锅初期，在食材与锅面之间有一个油水接触层，此层产生的油烟包含爆炸与挥发凝聚两个模态，存在过饱和食用油蒸汽在水泡表面瞬间凝聚的过程，会产生超过毫米级别的油包水与水包油粗颗粒物。

（4）翻炒颠勺阶段

中餐炒菜在菜即将起锅之前往往有一个猛火爆炒使得锅内食材起火燃烧的过程，此时产生的油烟包含爆炸与挥发凝聚以及食材不完全燃烧产物聚集 3 个模态，此过程颗粒物的成分最为复杂。

（5）出锅阶段

食材炒好后起锅，在食材盛入碟子的过程中，由于炒锅外沿温度往往高于食材集中的锅底，导致汤汁受高温挥发产生一个短时间的极高污染物排放，随即，锅体温度迅速下降，污染物产生量迅速减少,此过程产生的污染物包含爆炸与挥发凝聚两个模态,产生的颗粒物属于TSP/DF范畴。

2.1.3 餐饮业大气污染物形成的影响因素

除不同炒菜阶段产生的油烟组成不同外,有研究表明,食材、烹饪油、烹饪温度、烹饪方式、燃料等因素也会影响产生的油烟污染物组分[12]。具体影响介绍如下。

(1)在相同烹饪条件下,烹饪茄子、奶酪、培根等食材,其中脂肪含量最高的培根产生的颗粒物最多。

(2)在相同烹饪条件下,分别使用橄榄油、花生油、葵花籽油来油炸50 g薯条,其中橄榄油产生的颗粒物最多,葵花籽油产生的颗粒物最少。

(3)在相同烹饪条件下,分别用大火(约240 ℃)和小火(约171 ℃)来烧烤50 g培根,高温下产生的颗粒物比较多。

(4)比较蒸、煎、炸、混合烹饪方式下VOCs的产生量,结果发现蒸产生的VOCs最少,炸产生的VOCs最多。

(5)在烹饪食物、厨师、时间、菜肴均相同的情况下,比较使用城市煤气与液化石油气进行烹饪生产的污染物发现,VOCs组分具有明显的差异,使用液化石油气,VOCs中未发现二甲苯。

2.2 餐饮业大气污染物的排放特征

2.2.1 餐饮业油烟排放特征

北京市环境保护科学研究院(北京市环科院)对北京市的35家典型餐饮企业产生的油烟浓度进行了检测,北京中研环能环保技术检测中心(中研环能)也对北京市的33家餐饮企业产生的油烟浓度进行了检测,深圳市生态环境监测站对深圳市的31家餐饮企业产生的油烟浓度进行了检测。

综合分析北京市环科院、中研环能、深圳市生态环境监测站的检测数据,3个单位共现场检测了99个样本,油烟浓度的分布情况如表2-1所示。油烟浓度不大于1 mg/m³的样本占比约为18.2%,油烟浓度在1~5 mg/m³的样本占比约为35.4%,油烟浓度在5~10 mg/m³的样本占比约为22.2%,油烟浓度大于10 mg/m³的样本占比约为24.2%。

表2-1 餐饮企业油烟浓度分布

油烟浓度 c(mg/m³)	检测样本数(个)	占总样品数的比例(%)
$0 < c \leqslant 1$	18	18.2
$1 < c \leqslant 5$	35	35.4
$5 < c \leqslant 10$	22	22.2
$10 < c$	24	24.2

2.2.2 餐饮业颗粒物排放特征

北京市地标编制组选取北京24家典型的餐饮企业在排放口处多次进行了重量法颗粒物

的采样和检测,获得 37 个基准排放浓度值(图 2-1)。

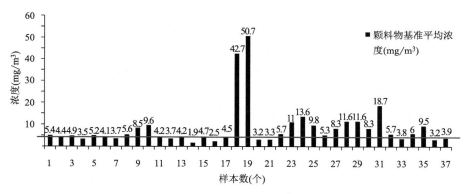

图 2-1　餐饮业颗粒物排放浓度(数据源于北京市地标编制说明)

典型餐饮企业颗粒物的基准风量排放浓度在 1.9~50.7 mg/m³,表明不同餐饮企业排放颗粒物的浓度差距显著。测试的典型餐饮企业的 37 个样本中,颗粒物的排放浓度有 45.9% 在 5 mg/m³ 以下、35.1% 在 5.0~10.0 mg/m³,13.5% 在 10.0~25.0 mg/m³、5.5% 的颗粒物排放浓度高于 25 mg/m³,排放浓度最高为 55 mg/m³(表 2-2)。

表 2-2　餐饮企颗粒物浓度(c)分布

颗粒物浓度(mg/m³)	检测样本数(个)	占总样品数的比例(%)
$0 < c \leqslant 5$	17	45.9
$5 < c \leqslant 10$	13	35.1
$10 < c \leqslant 25$	5	13.5
$25 < c \leqslant 55$	2	5.5

2.2.3　餐饮业非甲烷总烃排放特征

北京市地标编制组对北京典型餐饮企业的非甲烷总烃(NMHC)的排放进行大量的现场采样测试,最终获得了 86 个有效样本,排放浓度在 1.1~63.7 mg/m³,表明不同餐饮企业或同一餐饮企业不同时间排放的非甲烷总烃的浓度水平差距非常大。

深圳环境检测中心站对深圳市的 32 家餐饮企业产生的油烟浓度进行了检测,综合分析北京市环科院和深圳环境检测中心站的 118 个非甲烷总烃的样本,非甲烷总烃浓度不大于 10 mg/m³ 的样本占比约为 55.1%,10~20 mg/m³ 的样本占比约为 28.8%,20~40 mg/m³ 的样本占比约为 11.0%,大于 40 mg/m³ 的样本占比约为 5.1%(表 2-3)。

表 2-3　餐饮企非甲烷总烃浓度(c)分布

非甲烷总烃浓度(mg/m³)	检测样本数(个)	占总样品数的比例(%)
$0 < c \leqslant 10$	65	55.1
$10 < c \leqslant 20$	34	28.8
$20 < c \leqslant 40$	13	11.0
$40 < c \leqslant 65$	6	5.1

2.2.4 餐饮业排放大气污染物的相互关系

餐饮业排放的油烟、颗粒物、非甲烷总烃在第一次出现标准等污染物,组分、浓度等各不相同,但三者之间是否存在一定关联?不同学者对油烟、颗粒物、非甲烷总烃的相关性进行了研究,发现的总体规律是油烟和颗粒物之间存在较强的相关性,颗粒物和非甲烷总烃的排放浓度相关性较弱。

孙成一等[13]选取 41 家北京不同菜系的餐饮企业,现场检测了餐饮业油烟净化前的油烟、颗粒物和非甲烷总烃的产生浓度水平。结果表明,净化前油烟、颗粒物和非甲烷总烃的初始平均浓度约为 1.93 mg/m³、6.6 mg/m³ 和 10.9 mg/m³。研究还发现川湘菜、烧烤、烤鸭与家常菜产生的油烟和颗粒物浓度的 Pearson 系数均>0.6,具有强相关性;其中川湘菜和烤鸭排放的 Pearson 系数均>0.8,呈现极强的相关性。

何万清等[14]也选取了北京市典型的餐饮企业以了解北京市餐饮业的大气污染排放浓度和总体排放水平。结果表明,典型餐饮企业油烟、颗粒物和非甲烷总烃的平均排放浓度分别为 (2.91 ± 5.52) mg/m³、(9.25 ± 10.02) mg/m³ 和 (12.72 ± 11.38) mg/m³,均超过了北京市地方排放标准。其中烤鸭和烧烤的颗粒物和非甲烷总烃排放较高,容易超标,炭火烧烤和果木烤鸭颗粒物的排放浓度远大于油烟的排放浓度。研究团队还利用 Pearson 相关系数分析了颗粒物和油烟的关系,结果发现餐饮企业颗粒物与油烟的排放浓度为强相关,颗粒物和非甲烷总烃的排放浓度为弱相关。

第3章　餐饮业大气污染防治政策

餐饮业大气污染物不仅会直接影响人体健康,同时油烟附着物还对环境卫生影响产生极大影响,损害现代文明城市形象。餐饮业大气污染问题不单是环境问题,也是社会问题。

餐饮油烟排放集中于城市人口密集区,直接影响了居民健康,成为扰民的重要民生问题。油烟的吸入可以直接损害呼吸道黏膜,促使呼吸道黏膜受伤这种危害具有潜在性,可能会引起鼻炎、咽喉炎、气管炎等呼吸道疾病;科研人员在研究中了解到:当人体吸入过多的餐饮油烟时,则体内免疫细胞的能力将会受到影响,从而影响到人体的免疫能力[15,16]。此外,油烟中还含有一些致癌物质,这些物质会使人体免疫力下降,并且具有致癌致突变型,奉水东等[17]在调查研究中发现,导致肺癌的主要因素除了吸烟之外,还与烟油作用有着重要关系,基于烟油污染的加重,肺癌产生的几率也会变大。

餐饮业油烟中包含的主要污染物可吸入颗粒物(PM₁₀)和挥发性有机物(VOC),是造成城市灰霾天气的罪魁祸首之一;另外,可吸入颗粒物成分很复杂,并具有较强的吸附能力,是多种污染物的"载体"和"催化剂",有时能成为多种污染物的集合体,它与可挥发性有机物一道,是空气中光化学反应(污染)的源头,对大气产生一定的污染。

鉴于餐饮业大气污染物对人体健康、大气环境的影响,国家及各省市等相继出台了污染防治政策。

3.1　国家政策

3.1.1　政策法规

近年来,国家出台的法规政策主要有《大气污染防治行动计划》《中华人民共和国大气污染防治法》及《打赢蓝天保卫战三年行动计划》等。

1.《大气污染防治行动计划》

国务院于 2013 年 9 月 10 日发布的《大气污染防治行动计划》(简称气十条)中第一条"加大综合治理力度,减少多污染物排放"的第二款"深化面源污染治理"中明确要求:"开展餐饮油烟污染治理,城区餐饮服务经营场所应安装高效油烟净化设施,推广使用高效净化型家用吸油烟机。"可以看出气十条将餐饮油烟污染治理作为一项重要任务,将推动全国各城区实施餐饮油烟专项治理。

2.《环境空气细颗粒物污染综合防治技术政策》

环境保护部于 2013 年 9 月 13 日发布的《环境空气细颗粒物污染综合防治技术政策》(公告 2013 年第 59 号)中第三条指出,环境空气中由于人类活动产生的细颗粒物主要有两个方面:一是各种污染源向空气中直接释放的细颗粒物,包括烟尘、粉尘、扬尘、油烟等。二是部分具有化学活性的气态污染物(前体污染物)在空气中发生反应后生成的细颗粒物,这些前体污染物包括硫氧化物、氮氧化物、挥发性有机物和氨等。防治环境空气细颗粒污染应针对其成因，全面而严格地控制各种细颗粒物及前体污染物的排放行为。第二十六条提出，治理餐饮业、干洗业、小型燃煤燃油锅炉等生活污染源，严格控制油烟、挥发性有机物、烟尘等污染物排放。

3.《中华人民共和国环境保护法修订案》

第十二届全国人大常委会第八次会议于 2015 年 1 月 1 日开始实施的《中华人民共和国环境保护法修订案》中第四十二条规定：排放污染物的企业事业单位和其他生产经营者，应当采取措施，防治在生产建设或者其他活动中产生的废气、废水、废渣、医疗废物、粉尘、恶臭等对环境的污染和危害。油烟污染物包含颗粒物和废气的污染，必须依法进行治理。

4.《"十三五"生态环境保护规划》

2016 年 11 月 24 日国务院发布了《"十三五"生态环境保护规划》（国发〔2016〕65 号），其中第五章提出"实施专项治理，全面推进达标排放与污染减排"，要求"以污染源达标排放为底线，以骨干性工程推进为抓手，改革完善总量控制制度，推动行业多污染物协同治污减排，加强城乡统筹治理，严格控制增量，大幅度削减污染物存量，降低生态环境压力"。

5.《"十三五"挥发性有机物污染防治工作方案》

2017 年 9 月 13 日环境保护部印发了《"十三五"挥发性有机物污染防治工作方案》（环大气〔2017〕121 号）。该方案要求：为切实改善环境空气质量，重点地区除完成重点行业 VOCs 减排任务外，还应加强建筑装饰、汽修、干洗、餐饮等生活源和农业农村源 VOCs 治理。环境保护部制修订油烟等行业大气污染物排放标准，制定挥发性有机物无组织排放控制标准，修订恶臭污染物排放标准和大气污染物综合排放标准。

6.《中华人民共和国大气污染防治法》

《中华人民共和国大气污染防治法》（2018 年 10 月 26 日修正版）要求排放油烟的餐饮服务业经营者必须安装油烟净化设施并正常使用，有关法条如下。

第八十一条　排放油烟的餐饮服务业经营者应当安装油烟净化设施并保持正常使用，或者采取其他油烟净化措施，使油烟达标排放，并防止对附近居民的正常生活环境造成污染。禁止在居民住宅楼、未配套设立专用烟道的商住综合楼以及商住综合楼内与居住层相邻的商业楼层内新建、改建、扩建产生油烟、异味、废气的餐饮服务项目。任何单位和个人不得在当地人民政府禁止的区域内露天烧烤食品或者为露天烧烤食品提供场地。

第一百一十八条　违反本法规定，排放油烟的餐饮服务业经营者未安装油烟净化设施、不正常使用油烟净化设施或者未采取其他油烟净化措施，超过排放标准排放油烟的，由县级以上地方人民政府确定的监督管理部门责令改正，处五千元以上五万元以下的罚款；拒不改正的，责令停业整治。违反本法规定，在居民住宅楼、未配套设立专用烟道的商住综合楼、商住综合楼内与居住层相邻的商业楼层内新建、改建、扩建产生油烟、异味、废气的餐饮服务项目的，由县级以上地方人民政府确定的监督管理部门责令改正；拒不改正的，予以关闭，并处一万元以上十万元以下的罚款。违反本法规定，在当地人民政府禁止的时段和区域内露天烧烤食品或者为露天烧烤食品提供场地的，由县级以上地方人民政府确定的监督管理部门责令改正，没收烧烤工具和违法所得，并处五百元以上二万元以下的罚款。

7.《打赢蓝天保卫战三年行动计划》

国务院于 2018 年 7 月 3 日发布的《打赢蓝天保卫战三年行动计划》第"（二十五）"中提出，加大餐饮油烟治理力度及第"（二十九）"中提出"加快制修订制药、农药、日用玻璃、铸造、工业涂装类、餐饮油烟等重点行业污染物排放标准"的要求。

3.1.2　排放标准

为加强对餐饮业排放油烟的控制,1999 年国家出台了《饮食业油烟排放标准(试行)》(GWPB 5—2000),之后于 2001 年颁布了正式的中华人民共和国国家标准《饮食业油烟排放标准(试行)》(GB 18483—2001),2019 年生态环境保护部发布了修订中的 GB 18483—2001 的征求意见稿。

1.《饮食业油烟排放标准(试行)》(GB 18483—2001)

《饮食业油烟排放标准(试行)》(GB 18483—2001)规定了饮食业单位油烟的最高允许排放浓度和油烟净化设备的最低去除效率,规定了油烟的采样和分析方法。对饮食业单位的油烟净化设施最低去除效率限制按规模分为大、中、小三级,具体划分情况见表 3-1。

表 3-1　饮食业单位的规模划分

规模	小型	中型	大型
基准灶头数	$\geq 1, <3$	$\geq 3, <6$	≥ 6
对应灶头总功率(10^8 J/h)	$1.67, <5.00$	$\geq 5.00, <10$	≥ 10
对应排气罩灶面总投影面积(m^2)	$\geq 1.1, <3.3$	$\geq 3.3, <6.6$	≥ 6.6

饮食业单位油烟的最高允许排放浓度和油烟净化设施最低去除效率,标准要求油烟最高允许排放浓度均为 2.0 mg/m³,油烟净化设备的最低去除效率根据规模的不同要求不同,具体情况见表 3-2。

表 3-2　饮食业单位的油烟最高允许排放浓度和油烟净化设施最低去除效率

规模	小型	中型	大型
最高允许排放浓度(mg/m³)	2.0		
净化设施最低去除效率(%)	60	75	85

2.《餐饮业油烟污染物排放标准(征求意见稿)》

GB 18483—2001 的征求意见稿《餐饮业油烟污染物排放标准》已于 2019 年 8 月 23 日在生态环境部网站进行意见征求。征求意见稿将标准名称调整为《餐饮业油烟污染物排放标准》;收紧了油烟排放浓度限值;增设了非甲烷总烃排放浓度限值,具体限值如表 3-3 所示;将油烟净化设施去除效率要求调整为资料性附录;餐饮服务单位排放恶臭污染物、环境噪声适用相应的国家污染物排放标准。

表 3-3　餐饮服务单位油烟和非甲烷总烃排放限值

污染物项目	排放限值(mg/m³)
油烟	1.0
非甲烷总烃	10

3.1.3　技术规范

为贯彻实施《饮食业油烟排放标准(试行)》(GB 18483—2001),国家环保总局同年发布了

《饮食业油烟净化设备技术要求及检测技术规范(试行)》(HJ/T 62—2001)。

1.《饮食业油烟净化设备技术要求及检测技术规范(试行)》(HJ/T 62—2001)

《饮食业油烟净化设备技术要求及检测技术规范(试行)》(HJ/T 62—2001)规定了饮食业油烟净化设备去除效率等性能的技术要求和检测技术、检测规则。该技术规范中提出了油烟净化设备检验项目及要求,具体如表3-4。

表 3-4　油烟净化设备检验项目及要求

序号	检测项目	实验室测试检测项目	现场测试检测项目	出厂检验项目	技术要求
1	技术文件	有	无	无	图纸、设计说明书、企业标准齐备
2	产品外观	有	有	有	应平整光洁,便于安装、保养、维护。静电净化设备应有醒目的安全提醒
3	标牌	有	有	有	符合 GB/T 13306—2011
4	说明书	有	无	有	符合 GB/T 9969—2008,并注明设备的保养周期和使用年限
5	净化器的本体阻力	有	有	无	湿式、静电式≤300 Pa,机械式、复合式≤600 Pa
6	控制箱接地电阻	有	有	有	<2 Ω
7	静电式净化设备极板间绝缘电阻	有	有	有	≥50 MΩ
8	湿式油烟净化设备出口烟气含水率	有	有	无	<8%
9	设备本体漏风率	有	有	无	<5%
10	正产使用时间	无	无	无	≥1 年
11	额定风量条件下的去除效率	有	有	无	大型 85% 中型 75% 小型 60%
12	80%额定风量下的去除效率	有	无	无	
13	120%风量下的去除效率	有	无	无	

2.《排油烟设施清洗技术规程》(BJXF・TB 003—2015)

餐饮业的蓬勃发展为人们带来丰富的餐饮选择和更高的生活质量的同时,也为餐饮企业的消防安全、环境保护、餐饮卫生等方面带来隐患。选择高效的油烟净化设备是餐饮业大气污染防治的重要手段,然而目前存在油烟净化设备初期净化效果良好,但未定期进行有效的清洗、运维,净化效果越用越差甚至故障不运行,还存在消防安全问题。因此餐饮业油烟净化设施运营服务能延长净化器使用寿命,确保净化器的净化效率,有利于遏制油烟污染问题,符合解决油烟污染的发展需求。

2015年北京消防协会发布的全国首部排油烟设施清洗技术标准《排油烟设施清洗技术规程》(BJXF・TB 003—2015)规定了清洗对象为食品加工、餐饮服务企业和单位食堂的排油烟设施清洗的技术要求。其中4.7和4.8节分别规定了净化器和光解净化装置的清洗要求。技术规程明确规定了净化器极片和挡网利用高温熏煮的方式进行清洗;规定了净化器机箱内部油垢的清理以及油垢和冲洗废液收集工作要求;规定了清洗净化器极片时要检查净化器极片上是否有螺丝、拉铆钉和高压磁片脱落现象,并观察净化器极片是否有扭曲和排列不规则问题;规定了对清洗前后的机箱和净化器片拍照留证。

3.2　地方政策

为积极响应《大气污染防治行动计划》《蓝天保卫战三年行动计划》等相关政策的实施,部分省市出台了相关地方大气污染相关防治条例、实施方案等,部分实施方案对餐饮业油烟污染防治提出相应要求。

各省市为加强餐饮业油烟污染防治,也发布了地方排放标准,与《饮食业油烟排放标准(试行)》(GB 18483—2001)相比,加严了油烟排放限值,增加了颗粒物、非甲烷总烃、臭气浓度的污染物排放限值等。

3.2.1　北京市

1. 政策现状

北京市于 2015 年 11 月印发《北京市人民政府办公厅关于推行环境污染第三方治理的实施意见》,并指出扩大污染源自动连续监测实施范围,逐步实现大气、水主要污染源在线监测全覆盖,特别要加快推动规模化餐饮企业安装在线油烟监控系统。

市生态环境局、市财政局等六部门于 2018 年 12 月共同印发了《北京市 2018—2020 年餐饮业大气污染防治专项实施方案》。方案提出,将按照《餐饮业大气污染物排放标准》(DB 11/1488—2018)要求,参考相关技术指导文件,实施废气净化设备升级改造;督促辖区餐饮服务单位定期清洗、维护净化设备和集排油烟管道。并提出创新模式,倡导、鼓励各餐饮服务单位采用第三方治理模式,开展废气净化设备升级改造,委托具备专业清洗能力的第三方定期清洗维护净化设备和集排油烟管道。

2. 排放标准

北京市于 2018 年印发《餐饮业大气污染物排放标准》(DB 11/1488—2018),该标准规定了餐饮业大气污染物的排放控制、监测和检测以及标准的实施与监督要求。适用于北京市餐饮服务单位烹饪过程的大气污染物排放控制,也适用于产生油烟排放的食品制造企业的大气污染物排放控制,不适用于居民家庭烹饪大气污染物的排放控制。

该标准于 2019 年 1 月 1 日实施,与国家标准《饮食业油烟排放标准(试行)》(GB 18483—2001)相比,增加了颗粒物、非甲烷总烃两项污染物排放限值,严格了油烟排放限值。自 2020年 1 月 1 日起,餐饮服务单位排放的非甲烷总烃以及油烟、颗粒物的最高允许排放浓度应符合表 3-5 的规定。

表 3-5　大气污染物最高允许排放浓度

序号	污染物项目	最高允许排放浓度(mg/m³)
1	油烟	1.0
2	颗粒物	5.0
3	非甲烷总烃	10.0
注1:最高允许排放浓度指任何 1 小时浓度均值不得超过的浓度		

3. 管理措施

北京作为餐饮业大气污染防治要求最为严格的城市,同样关注到餐饮油烟净化设施运维的重要性,近几年北京各区在餐饮油烟净化设施的招投标要求中,除了对设备的性能提出要求外,基本都增加了设备安装后的运维要求。

当前招投标中对油烟净化设备的运维要求主要包括设备故障响应、净化设备清洗、运维人员和培训要求等,示例如下。

(1)设备故障响应

运维方需建立详细的应急响应方案,方案中至少说明能承诺的响应措施、相应时间和最低保障人员数量。当仪器设备出现异常或故障时,运维方应在接到通知后做到 4 小时内响应,6～8 小时内到达现场,无法在 24 小时内解决的,应在 48 小时内提供备用产品,使餐饮单位能够正常使用等。

(2)净化设备清洗要求

需符合国家和行业的相关标准及要求,符合招标文件及委托合同中的相关要求(通常每 60 天清洗一次)。

① 净化器片及四壁 95% 以上裸露没有液体油状物和黑色油垢,底部无沉积油垢。

② 可拆卸挡油网上没有油腻,网面发亮,并恢复原有通透性。

③ 净化器线路连接正常,净化器极片保持平行,行间距一致,工作指示灯正常。

④ 发光管框呈水平状态,不得产生风阻啸叫。

⑤ 所有发光管发光正常,启动正常。发光管表面和管框上无油垢,表面清洁,挡光、挡火滤油箅子安装正确不漏光。

⑥ 涉及对设备拆装等作业的,完工后需封闭完好,无漏风、漏油情况,设备正常运转。

⑦ 每次清洗工作完成后所有作业垃圾必须带走,所有施工现场无施工残留物,做到工完场清。废油、废水、废渣达到环保无害化处理。在餐饮操作间进行作业前,需对厨房进行成品保护。清洗工作完成后要对设备、餐饮操作间地面、机房室内外地面、机房外幕墙等相关部位清洁干净。

⑧ 清洗所用材料、设备必须按技术要求和有关标准要求进行采购,使用的各种清洗剂、消毒剂必须符合国家或省部级规定的环保控制标准,并出具环保合格证书。严禁使用对人体健康可能产生危害的材料。

(3)运维人员和培训要求

① 运维方应具有经过专门知识培训并考试合格的技术人员队伍。

② 设备厂家应组织至少 3 名以上专业人员对相应餐饮单位进行现场免费培训,直至餐饮单位学会后为止。

3.2.2 天津市

天津市于 2016 年 7 月印发《餐饮业油烟排放标准》(DB 12/644—2016),要求餐饮服务单位自 2017 年 1 月 1 日起执行本标准规定的餐饮油烟浓度排放限值,具体见表 3-6。标准规定了最高允许排放浓度为 $1.0 \ \text{mg/m}^3$,同时将国标对净化设备最低油烟去除效率的要求删除。

表 3-6　餐饮服务单位餐饮油烟浓度排放限值

污染物项目	排放限值（mg/m³）	污染物排放监控位置
餐饮油烟	1.0	排风管或排气筒

3.2.3　上海市

1. 政策现状

上海市于 2014 年 7 月 25 日发布《上海市大气污染防治条例》，对饮食服务业的经营者提出安装净化设施及在线监控设施的要求。

《上海市大气污染防治条例》第六十一条　饮食服务业的经营者应当按照市环保部门的规定安装和使用油烟净化和异味处理设施以及在线监控设施，并保持正常运行，排放的油烟、烟尘等污染物不得超过规定的标准。

饮食服务业的经营者应当定期对油烟净化和异味处理装置进行清洗维护并保存记录，防止油烟和异味对附近居民的居住环境造成污染。环保部门应当对饮食服务经营场所的油烟和异味排放状况进行监督检查。

在本市城镇范围的居民住宅楼内，不得新建饮食服务经营场所。规划配套建设的饮食服务经营场所，应当在建筑结构上设计专用烟道等污染防治措施，保证油烟排放口设置高度及与周围居民住宅楼等建筑物距离控制符合环保要求。

在前款规定范围内新建的饮食服务经营场所，应当使用清洁能源。已建的饮食服务经营场所应当按照市人民政府规定的限期改用清洁能源。

2. 排放标准

上海市于 2014 年 10 月印发《餐饮业油烟排放标准》（DB 31/844—2014），要求新建餐饮服务企业自 2015 年 5 月 1 日起，现有餐饮服务企业自 2016 年 5 月 1 日起执行本标准规定的餐饮油烟浓度排放限值，具体见表 3-7。

表 3-7　上海市餐饮服务单位餐饮污染物浓度排放限值

污染物项目	排放限值
餐饮油烟（mg/m³）	1.0
净化设施的最低去除效率（%）	90
臭气浓度（无量纲）	60

该标准对国标油烟排放浓度加严到 1.0 mg/m³，要求餐饮企业安装使用经环境保护产品认证的油烟净化设备，新建企业应安装使用在认证检验中餐饮油烟去除效率≥90% 的设备，去除效率要求统一提高到 90%，还规定了臭气排放浓度不能超过 60（无量纲）。

3. 技术要求

上海市环保局 2018 年发布的《餐饮业油烟污染控制技术规范》中规定了对餐饮业油烟净化设备的运行控制要求，进一步提升了餐饮业油烟净化设备的运维概念。

技术规范中第 7 节规定了餐饮服务企业应制定运维手册和巡检操作规程，从制度上规范了油烟净化设备的运维；规定了油烟净化设备应与风机联动、同步运行并且要将净化设备的主要性能参数控制在有效范围内,主要性能参数有:静电式净化设备的荷电器和收集器的工作电源、工作电流和工作功率,紫外光解器的紫外灯管使用时长,除味设施吸附材料使用时长等;规定了每日巡检的要求,包括排气筒无肉眼可见油烟、无明显气味、设施和管道无破损、无泄漏等;规定了油烟净化设备维护保养的频率,分为一级油烟净化设备和二级油烟净化设备的清洗和更换频率;规定了油污、失效滤料、失效吸附材料的收集处理要求,防止二次污染;规定了现场清洗废水需经隔油处理后排放,异位集中清洗废水应符合所在地生态环境保护管理要求。

4. 管理措施

上海市长宁区环保局根据《长宁区清洁空气行动计划(2013—2017)》,为进一步减少餐饮油烟污染对人体及环境造成的危害,改善区域空气质量,区环保局多措并举,重拳出击,打响了2017年餐饮油烟提标整治攻坚战。开展的主要工作:餐饮油烟提标整治工作、确保新增源头把控优质提升、倡导开展第三方治理与监测、开展餐饮油烟在线监测。

3.2.4　江苏省

1. 政策现状

江苏省于2015年2月1日印发《江苏省大气污染防治条例》。

《江苏省大气污染防治条例》第五十八条　禁止在下列场所新建、扩建排放油烟的饮食服务项目:

(一)居民住宅楼等非商用建筑;

(二)未设立配套规划专用烟道的商住综合楼;

(三)商住综合楼内与居住层相邻的楼层。

禁止在城市主次干道两侧、居民居住区以及公园、绿地内管理维护单位指定的烧烤区域外露天烧烤食品。

《江苏省大气污染防治条例》第五十九条　饮食服务业经营者应当采取下列措施,防止对大气环境造成污染:

(一)设置油烟净化装置,定期进行清洗维护,保持正常运行;

(二)按照规范设置餐饮业专用烟道;

(三)营业面积在五百平方米以上的餐饮企业,应当安装油烟在线监控设施。

3.2.5　浙江省

浙江省为加强餐饮油烟污染防治管理工作,发布《浙江省餐饮油烟管理暂行办法》。该办法适用于浙江省餐饮场所油烟污染防治设施运行维护、油烟排放监督等方面的管理。省环保厅负责本省餐饮油烟污染防治的统一监督管理,协调督促其他相关管理部门履行监督管理职责。

3.2.6　山东省

山东省于2006年1月发布《饮食业油烟排放标准》(DB 37/597—2006),规定了饮食业单位油烟的最高允许排放浓度、臭气浓度、油烟净化设施的最低去除效率、油烟排气筒最低排放高度(表3-8)。饮食业单位的规模分为大、中、小三级,划分标准同《饮食业油烟排放标准》(GB 18483—2001)。

表 3-8　饮食业单位的污染物最高允许排放浓度和油烟净化设施的最低去除效率

规模	小型	中型	大型
油烟最高允许排放浓度(mg/m³)	1.5	1.2	1.0
臭气浓度限值(无量纲)	70		
净化设施的最低去除效率(%)	85	90	90

3.2.7　河南省

河南省于 2018 年 12 月印发《河南省餐饮服务业油烟污染防治管理办法》。该办法要求餐饮服务单位应按规范设置集气罩、排风管道和排风机,并安装经国家认可单位认证、与其经营规模相匹配的高效油烟净化设施,在餐饮服务过程中产生的油烟污染物应通过集排气系统收集,经油烟净化设施处理后达标排放。油烟净化设施最低去除效率应符合小、中型餐饮服务单位大于 90%、大型餐饮服务单位大于 95% 的规定,并保证正常运行,油烟污染物排放应满足河南省《餐饮业油烟污染物排放标准》(DB 41/1604—2018)要求;安装未经国家认可单位检测合格的油烟净化设施、油烟净化设施最低去除效率达不到要求或与其经营规模不匹配的,必须在规定期限内改装符合要求的油烟净化设施。

3.2.8　深圳市

深圳市于 2017 年 7 月印发《饮食业油烟排放控制规范》(SZDB/Z 254—2017)。该规范将油烟的最高允许排放浓度由国标的 2.0 mg/m³ 调整为 1.0 mg/m³,对油烟净化设备的去除效率统一提高到 90%,增加了非甲烷总烃的排放限值为 10 mg/m³,同时还增加了臭气的浓度限值。该规范还规定了可以采用粒子集合光散射法作为等效方法来进行油烟现场和在线监测,对等效监测方法的原理、仪器和设备、采样、监测报告和结果作了详细规定(表 3-9)。

表 3-9　饮食业单位的污染物最高允许排放浓度和油烟净化设施的最低去除效率

规模	小型	中型	大型
最高允许排放浓度(mg/m³)		1.0	
臭气浓度限值(无量纲)		500	
净化设施的最低去除效率(%)		90	
非甲烷总烃(NMHC,mg/m³)	无		10

3.2.9　广州市

广州市自 2013 年 11 月 1 日起施行《广州市餐饮场所污染防治管理办法》。该办法由市环境保护主管部门(以下简称市环保部门)负责本市餐饮场所污染防治的统一监督管理,并组织实施本办法。各区、县级市环境保护主管部门(以下简称区、县级市环保部门)负责本辖区内餐饮场所污染防治的具体监督管理。规划、经贸、建设、城市管理、食品药品监管、工商、水务等行政管理部门和公安机关、城市管理综合执法机关依照各自职责,协同实施本办法。

3.2.10　昆明市

经昆明市十四届人民政府第 38 次常务会议讨论通过,2019 年 1 月印发《昆明市餐饮业环境污染防治管理办法》。该办法要求餐饮业经营者排放油烟、废气的,应当按规范设置集气罩、排风管道和排风机,并采取安装油烟净化设施等措施,达到国家和地方大气污染物排放标准。严禁未通过专用烟道、油烟净化设施排放油烟,严禁向城镇排水设施排放油烟。

3.3 国外政策

国外油烟控制主要侧重于消防控制。如美国消防署《商业烹饪设备油烟去除装置设置标准》主要内容制定设备规范,管制重点以安全、防火为主;东京消防厅《业务用厨房设备附属油烟去除装置技术基准》也要求贴印认证,以证明厨房设备能确保防灾及安全(表3-10)。

表3-10 其他国家相关标准

序号	国家	标准	颁布部门	颁布时间	主要内容
1	美国	《商业烹饪设备油烟去除装置设置标准》	美国消防署	1991年	该标准管辖对象为商业营利用烹饪设备(不含住宅厨房),管制重点以安全、防火为主,管制方式是制定设备规范使从业者遵循,但未指明污染物排放标准
		《经营性餐馆污染排放控制规范》	加利福尼亚州南海岸空气质量管理局	1997年	该规范主要是要求对链式烤炉和下烧式烤炉优先使用规定方法测试并获得认证的催化氧化控制设备,要求PM削减率达85%,对餐饮企业的记录保存、豁免情况以及PM和VOCs的分析测试方法作了规定
2	日本	《业务用厨房设备附属油烟去除装置技术基准》	东京消防厅	1993年	该标准规定符合标准的产品认证为"财团法人日本厨房工业会合格品",贴印认证,以证明厨房设备能确保防灾及安全,其认证内容主要包括油烟去除装置及其油烟去除效率要求(专用分离器要求90%以上,其他装置要求75%以上)、油烟去除装置的认证制度等

第4章 餐饮业大气污染治理与监测技术

4.1 餐饮业大气污染物治理技术

目前,国内外采用的餐饮业大气污染物治理技术在净化机理上主要分为五大类:第一类是采用过滤、惯性碰撞或离心分离等机械法;第二类是喷雾、冲击和液体吸收等湿式处理法;第三类是采用静电法;第四类是采用光解法;第五类是复合净化技术。

4.1.1 油烟、颗粒物治理技术

国内关于餐饮业油烟净化的研究与应用主要集中为物理方法。市场上常用的油烟净化设备大致可分为机械式、湿式、静电式、光解式和复合式,基本可以满足当前排放标准的要求。当前国内生产的油烟净化器主要是以静电式油烟净化器为主,静电式及其复合式油烟净化器产品数量占比约90%左右,单一静电式油烟净化器产品数量占比60%左右。油烟净化设备的技术原理和性能特点介绍如下。

1. 技术原理与设备组成

(1)机械式净化技术

① 原理与分类

机械式净化技术是利用液态油滴/固态颗粒物的质量大于空气质量,通过重力、离心力、惯性力等使液态油滴/固态颗粒物分离出来,以达到净化的目的。机械式油烟净化设备最常用的形式有机械过滤、惯性分离、离心分离。

机械过滤的工作原理是油烟在净化器内通过纤维垫时,油烟和颗粒物由于扩散截留而被脱除;惯性分离法是利用油粒与气体在运行中的惯性不同,使油烟和颗粒物从气流中分离出来;离心分离法是通过动态离心或旋风分离的原理,利用离心力使油烟和颗粒物从气流中分离出来。

按照分离油烟、颗粒物原理的不同,机械分离法可分为4类:第一类是利用惯性使油烟颗粒发生碰撞而分离出来,多采用金属加工成折板式、滤网式、蜂窝波纹形的滤油格栅,设备简单,阻力较小,能耗较低。第二类是利用海绵、无纺布、活性炭、球形滤料、陶瓷、海泡石等材料的表面吸附原理开发的油烟颗粒物分离技术。第三类为动态离心,烟气中的油烟颗粒物在高速旋转的金属丝网盘的碰撞截击下吸附于金属丝网,由于离心力的作用又沿着呈径向分布的金属丝被甩向网盘外围的集油槽收集,进而完成油烟的净化。目前常安置于集烟罩前端作预处理,有效减少了安全隐患,减少了排烟管道维护清洗频次,延长了风机和后端治理设备的使用寿命。第四类为旋风分离,即在油烟管道系统中增设旋风分离器,使气流发生旋转,利用旋转气流产生的离心力使油烟中的颗粒物分离出来。该法设备简单,压降小,成本较小,但油烟的去除效率不高,难以分离油烟和细颗粒物,且分离的油烟污染物易堆结且不易清洗,一般只

作为净化工艺的预处理。

② 设备组成

机械式油烟净化设备通常由集烟罩、机械式油烟净化单元、风机组成。设备简单,可单独使用,也可用于油烟颗粒物的预处理。

当前市场常用的机械式油烟净化设备多是采用全动态离心式空气净化技术,是在抽油烟机进风口处,抽风扇叶前,同轴安装一个动态分离(过滤)网盘。该类设备的核心设备就是净化网盘,净化网盘的转速和间距直接影响设备的净化效率,若设置不合理,极容易出现滴油情况。

部分机械式油烟净化设备采用金属挡板和滤网的形式,当油烟气体经过多层金属挡板时,油烟粒子在铝片表面多次撞击吸附,可以达到除油的目的。金属挡板的结构设计决定了气体的流态,影响其净化效果。

(2)湿式净化技术

① 原理与分类

湿式净化技术是根据喷雾水膜除尘器的工作原理,以喷头喷洒水或其他净化液(水与一定量的表面活性剂、乳化剂的混合物)形成水膜、水雾的方式来吸收油烟,从而达到净化的目的。

设备通常有两种类型:第一类是运水烟罩,通常安装在集烟罩的前端作为油烟初步清除设施,对直径>2 μm的油烟颗粒有较高的去除效率,具有系统阻力小、无噪声污染、工程造价低等优点,在香港以及国内的一些港式餐厅应用较多;第二类是洗涤塔,该型设备利用正反向喷雾、增设中间隔板等方式,甚至使用流化床,增加净化液与油烟的接触时间和接触面积,以达到净化效果,一般安装在后端。由于油烟雾滴的疏水性,在净化液中加入表面活性剂可改善油水混合性能,提高去除效率。选用的洗涤液对油烟异味有一定的去除效果,但洗涤塔会产生大量含油废水,需定期清洗并更换洗涤液,由于存在污水排放等二次污染问题,已基本不再使用。

② 设备组成

湿式油烟净化设备通常由集烟罩、喷头、循环水泵、循环水池、风机组成。其中净化设备的气水比、喷头布置、吸收液的组分是影响其净化效果的主要因素。

(3)静电式净化技术

① 原理与分类

静电法的技术原理是利用阴极在高压电场中发射出来的电子,以及由电子碰撞空气分子而产生的负离子来捕捉油烟粒子,使油烟粒子带电,再利用电场的作用,使带电油烟粒子被阳极所吸附,以达到油烟净化的目的。静电场对亚微米颗粒物有很高的捕集效率,可有效去除细微的油污颗粒,不造成二次污染;同时,气体放电过程中产生的臭氧对气味的去除也有一定的效果。

静电油烟净化器根据电场的结构主要有极板型和蜂巢型。目前市场上生产静电油烟净化器的厂家大部分是采用极板型,少数企业使用蜂巢型。

静电式油烟净化设备对油烟的去除效率较高,结构简单、气流速度低、压力损失小,设备占地面积小,技术已趋于成熟并得到了广泛的应用。但静电式油烟净化设备使用后形成的油垢黏度较高,不易清洗,若用清洗剂清洗会导致二次污染,长期使用会在集尘极表面形成一层油膜层,使去除效率大幅下降。为解决维护清洗的问题,可采用模块化和分体抽屉式设计,委托第三方运营清洗维护也是可以采用的方式。

② 设备组成

静电式油烟净化设备通常由电场、高压电源、风机等组成。

高压电源、电场、绝缘子是静电式油烟净化设备的核心部件,高压电源的质量直接影响输出电压的高低和稳定性,从而影响净化效果;电场极板间的间距(通常 5.0~8.0 mm)、厚度(通常 0.5~1.0 mm)等会影响电场发射电子以及油烟颗粒物的负载电荷效果,直接影响污染物的去除效果。绝缘子主要作用是将电场的电荷与设备其他部件进行隔绝,保障操作人员的安全。

鉴于高压电源对静电式油烟净化设备性能的重大影响,中环协(北京)认证中心制定了《餐饮油烟净化器用高压电源》(CCAEPI-RG-Q-041)的认证实施规则,规则中对油烟净化设备用高压电源的性能进行了详细规定。截至 2019 年底共有 16 家企业生产的高压电源通过了该认证,16 家企业包括了生产高压电源的龙头企业,可代表行业的先进性。

(4)光解式净化技术

光解式油烟净化设备使用特制灯管发出的特殊光波段激发油烟中的油脂分子,将油脂分子链切断,形成微小的油脂分子(光解作用);同时发出的短波段激发空气中的氧气生成化学分子;微小油脂分子又进一步被化学"冷燃烧"(氧化作用),生成二氧化碳(CO_2)和水(H_2O)被风带走,仅存微量白色固化粉末附着在灯管上。

光解式油烟净化设备结构较为简单,主要核心设备就是灯管,安装较为便捷,但拆卸导油板时操作不当,容易碰碎净化灯管,同时拆卸辅助设备时,光源容易造成对人体眼睛或皮肤的灼伤,操作时应注意采取必要的安全保护措施。

(5)复合式净化技术

由于餐饮业油烟和颗粒物的成分复杂,每一种净化方法均有其优点和缺点,且差异较大,实践中为达到良好的去除效果,餐饮行业目前常采用由两种或多种净化技术相结合的复合式净化技术。复合式净化技术的特点是适应性强、普及率高、净化效率高,油烟颗粒物去除效率可达到 95%。在复合式油烟净化设备中静电光解复合式产品占主导地位,占复合式技术产品的 70%左右,主要复合式产品的数量排序为:静电+光解>机械+静电>机械+静电+光解>机械+光解。

以静电与湿式相结合的复合式油烟净化设备为例,此法将静电除油净化器与湿式除油净化器的优势互补地有机结合在一起,两种除油方式的结合,不是简单的效果叠加,而是相互补充、相互加强且相互克制对方的二次污染。静电处理区能有效地去除油烟中的大颗粒污染物,使处理后的烟气基本达到国标要求的排放标准,静电处理虽然不能有效地清除小颗粒污染物和气味分子,但能将其充分荷电,大大加强了后级的水喷淋处理效果;喷淋处理区充分利用了带电粒子和离子与零电位物体之间的电荷镜像力增强除尘效果,对一般净化器很难处理的烟气、气味等污染物,进行了比较彻底的净化;同时利用臭氧溶于水生成过氧化氢作为强氧化剂氧化被水滴及填料捕获的污染物,减少了循环水的二次污染,同时减轻了静电除尘器的必然产物臭氧对大气的污染。

2. 油烟和颗粒物净化效果

(1)净化设备对油烟的净化效果

根据当前油烟净化设备的市场分布情况,对 2016—2018 年通过产品认证的不同类型油烟净化设备的第三方实验室检测数据进行抽样统计,包括静电式 38 台、静电光解式 17 台、机械静电式 11 台、机械静电光解式 6 台、机械式 13 台、光解式 7 台、湿式 6 台,共计 98 台油烟净化设备。

统计结果如图 4-1 所示。各类油烟净化设备中,静电式油烟净化设备,在额定风量下的油烟净化效率为 81.4%~97.0%;静电光解复合式油烟净化设备,在额定风量下的油烟净化效率为 93.2%~96.7%;机械静电复合式油烟净化设备,在额定风量下的油烟净化效率为 89.7%~97.1%;机械静电光解复合式油烟净化设备,在额定风量下的油烟净化效率为 89%~96.6%;机械式油烟净化设备,在额定风量下的油烟净化效率为 79.9%~97.0%;光解式油烟净化设备,在额定风量下的油烟净化效率为 79.6%~95.9%;湿式油烟净化设备,在额定风量下的油烟净化效率为 80.9%~95.9%。

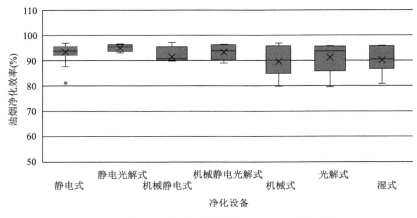

图 4-1 实验室测定的净化设备对油烟的净化效率

统计结果表明,静电式和复合式油烟净化设备对油烟的平均净化效率可达到 93% 以上,高于平均净化效率在 90% 左右的湿式、机械式、光解式油烟净化设备,且当前油烟净化设备基本可以满足当前 GB 18483—2001 对油烟排放标准的要求。

(2)净化设备对颗粒物净化效果

统计 2018 年油烟净化设备的市场情况发现,单一静电式设备占比约 60%,含静电的复合式设备约占 30%,湿式、机械式、光解式和机械光解式约占 10%(图 4-2)。因此选取了市场占比最大的单一静电式油烟净化设备(额定风量 6000 m³/h),在标准台架上检测当前油烟净化设备对颗粒物的去除效果。

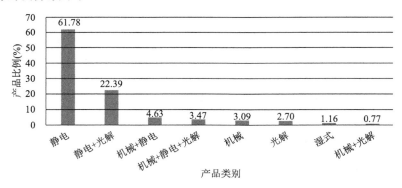

图 4-2 2018 年油烟净化产品的数量分布

静电式油烟净化设备对颗粒物的净化效果如表 4-1 所示,在净化设备的进口平均浓度为 $15\sim43\ \text{mg/m}^3$,静电式油烟净化设备对颗粒物的净化效果较好,净化效率都在 93% 以上(平均净化效率为 95.77%);设备的出口颗粒物浓度低于 $3.0\ \text{mg/m}^3$,能够满足当前北京、深圳等地提出的排放浓度低于 $5\ \text{mg/m}^3$ 的地方标准要求。

表 4-1　实验室测定的净化设备对颗粒物的净化效率

序号	进口浓度(mg/m^3)	出口浓度(mg/m^3)	净化效率(%)
1	35.78	0.90	97.48
2	40.62	1.57	96.13
3	38.90	1.85	95.24
4	42.35	2.31	94.55
5	40.58	2.20	94.58
6	41.75	1.90	95.45
7	17.15	1.03	93.99
8	18.07	0.42	97.68
9	15.74	0.84	94.66
10	16.99	0.76	95.53
11	17.18	0.57	96.68
12	15.33	0.42	97.26

4.1.2　非甲烷总烃治理技术

目前,市场上暂时还没有对应餐饮业非甲烷总烃的净化技术和设备,但工业 VOCs 防治技术和设备已相对成熟。餐饮业油烟气态污染物净化技术研发和设备开发可借鉴工业 VOCs 治理技术,主要有吸附净化、催化燃烧、生物净化、光催化氧化、低温等离子等净化技术。

1. 非甲烷总烃净化技术

(1)吸附净化技术

吸附净化技术是目前餐饮业主流的废气治理技术。其原理是利用固体吸附剂性质,对气态污染物进行物理吸附或者化学反应,从而将污染物去除。适用范围主要是中低浓度的 VOCs 废气净化。其优点是去除效率高,前期投资少,便利,易于置换。其缺点包括:更换频繁,实际运维费用较高;不适合高温、高湿的废气;难稳定环保达标;二次固废污染;存在安全隐患;监管难度极大;集中再生困难。

常用的吸附剂有活性炭和分子筛。活性炭是由木质、煤质和石油焦等含碳的原料经热解、活化加工制备而成,具有发达的孔隙结构、较大的比表面积和丰富的表面化学基团,特异性吸附能力较强的炭材料的统称,因具有巨大的比表面积和吸附容量,易再生、来源丰富,且价格较低等优点,应用最广。分子筛通常由 TO_4 四面体($T=Si,P,Al,Ge$,等)形成具有微孔结构的晶态无机固体(孔径一般小于 2 nm)。分子筛产品特点:①疏水性能好,产品经特殊工艺制备而成,硅铝比高,在高湿度环境下保持较高的吸附性能。②耐高温,对于高沸点 VOCs 组分,可在 $200\sim350\ ℃$ 进行高温脱附。③物理稳定性强,采用高压直接挤出(非涂覆型)成型,抗压强度大,耐气、液腐蚀。④寿命长,在高温下,可快速、充分脱附,再生后综合性能保持稳定。⑤吸附能力强,对多种 VOCs 组分具有强吸附能力,尤其适用于低浓度 VOCs 吸附,确保满足最严格的排放要求。⑥安全性高,分子筛由硅铝酸盐构成,无可燃物质,无自燃风险。

使用活性炭存在可燃性、再生困难、湿度控制等问题。相对来说,分子筛作为吸附剂其安全性及循环利用次数具有明显的优势。分子筛表面积大、吸附能力强、热稳定性好,并能对其吸水性和孔道大小等性能进行调整。此外,其具有形状选择性的微孔也有助于对不同 VOCs 分子进行筛分及选择性吸附,更适合工业推广应用(表 4-2)。

表 4-2　活性炭和分子筛的适用范围和优缺点

项目内容	活性炭	分子筛
适用范围	活性炭是最为常用适用于大部分有机物的吸附净化	对于低浓度有机废气净化,目前国外普遍采用分子筛代替活性炭
优点	具有吸附容量高、吸脱附速度快,使用水蒸气进行再生时具有很高的再生速率	疏水性好、耐高温、不自燃。使用热气流再生时安全性好、可高温再生,使用寿命长
缺点	在使用热气再生的场合,活性炭的安全性差,有时也会发生着火现象;对高沸点脱附不完全,影响吸附容量	价格贵,初期投资高,需及时再生

(2)吸收(喷淋+药剂)

吸收技术的原理是由废气和洗涤液接触将 VOCs 从废气中移走,之后再用化学药剂将 VOCs 中和、氧化或其他化学反应破坏,适用于高水溶性 VOCs,不适用于低浓度气体。优点:技术成熟,可去除气态和颗粒物、投资成本低、占地空间小、传质效率高、对酸性气体高效去除。在餐饮业应用存在的问题:存在后续废水问题;阻力大,油污易导致塔堵塞;恶臭产生;维护费用高;餐饮 NMHC 水溶性差,处理效率低。

(3)燃烧

燃烧技术是最常用的方法,优点是可以快速、高效地分解有机物,通过对反应器的合理设计,包括有效的热交换器和先进的耐火衬里,可以有效利用有机物燃烧产生的热量,降低操作成本。然而在实际应用中,需要根据 VOCs 的组成对其操作条件和焚烧炉进行特定的设计,而且其处理过程还可能产生有毒的燃烧产物,造成二次污染,需要进一步处理,这些都限制了它的适用性。催化燃烧是一种很好的替代方法,可以通过催化剂的使用来降低 VOCs 分解的工作温度,通常为 $350\sim500$ ℃。通过与热回用技术的联用,可以大大降低处理过程的能量消耗。其缺点是运行过程中催化剂容易中毒,需要定期更换,这大大增加了其运营成本。

(4)生物净化

生物净化技术的原理是利用微生物对废气中的污染物进行消化代谢,将污染物转化为无害的水、二氧化碳及其他无机盐类。适用范围是:以微生物可分解物质为主,污染物为微生物的食物来源。优点是能耗低、费用低、氧化完全。在餐饮业应用存在的问题是:占地面积大;受气候影响大;工况变化影响大。

（5）冷凝

冷凝法是利用不同物质在不同温度下具有不同饱和蒸汽压这一性质，采用降低系统温度或提高系统压力的方式使处于气状态的 VOCs 冷凝，并从混合的气体中脱离出来。冷凝法是一种安全的挥发性有机化合物回收方法。它具有操作简单的优点，但是对于 VOCs 的浓度、操作条件（温度和压力）、挥发性有机化合物的沸点等要求较高，且操作成本较高。冷凝法适用于回收浓度大于 25 g/m³ 的有机废气，在一定的温度下，VOCs 的原始浓度越大，脱除率越高。冷凝法不适宜处理低浓度的有机气体（尤其当 VOCs 的原始浓度低于 25 mg/m³ 时），常用于配合其他处理方式，作为净化高浓度废气的前处理，以降低有机负荷，回收有机物。

（6）低温等离子体净化技术

低温等离子体净化技术的原理是利用介质放电所产生的等离子体，以极快的速度反复轰击废气中的异味气体分子，去激活、电离、裂解废气中的各种组分，通过氧化等一系列复杂的化学反应，打开污染物内部的化学键，使复杂的大分子污染物转变为一些小分子的安全物质（如二氧化碳和水），或使有毒有害物质转变成无毒无害或低毒低害物质。适用范围是：低浓度 VOCs 废气。特点是即开即用，成本低，占地小。在餐饮业应用存在的问题：①有拉弧引燃 VOCs 等安全问题；②处理效率很低并会次生很多中间副产物，导致 VOCs 成分更复杂；③设备运行时会产生大量无用臭氧；④易受油烟污染，效率降低。

（7）UV 光解技术

UV 光解技术的原理是利用特种紫外线波段，在催化剂的作用下，将氧气催化生成臭氧和羟基自由基及负氧离子，再将 VOCs 分子氧化还原处理的一种处理方式。优点是：条件温和，常温常压；设备简单、维护方便。在餐饮业应用存在的问题：效率低；易损坏；油烟、颗粒物影响效率；有臭氧污染；光催化剂易失活。

（8）催化氧化

催化氧化的原理是在催化剂的作用下，废气中的有机物和氧气等进行深度无焰氧化，生成二氧化碳和水，从而达到净化目的的技术。该方法的适用范围是中、高浓度的 VOCs 废气。优点是燃烧温度低，能量消耗小，效率高。在餐饮业应用存在的问题：整体成本高，电功率消耗大；催化剂费用高，有一定寿命；需与吸附浓缩技术配合使用。

（9）膜分离技术

膜分离法是一种选择性透过技术，混合气定向通过膜元件，仅有部分组分能通过膜，从而达到分离去除的目的。目前气体渗透性较好的高分子膜材料是聚二甲基硅氧烷（PDMS），属于半无机、半有机结构的高分子材料，其分离混合气中的甲醇、乙腈、丙酮等回收率可达 97％以上。与其他方法相比膜分离法对间歇性排放（浓度、温度、压力、流量等在一定范围内变化）有较强的适应性。

综合分析常用工业 VOCs 治理技术的技术特点和适用范围（表 4-3），餐饮业油烟气态污染物净化可借鉴的、较成熟的技术主要是活性炭或分子筛吸附技术。

表 4-3　不同技术的优缺点比较

净化技术	优点	缺点	适用范围
吸附技术	技术成熟，净化效率高，吸附剂种类丰富，对 VOCs 的净化具有广谱性	吸附剂价格较高，用热气流再生活性炭有着火的风险，产生的浓缩废气需进一步处理	适用于处理低浓度、高净化要求的废气；分子筛等耐温材料可考虑

续表

净化技术	优点	缺点	适用范围
燃烧技术	净化效率高,VOCs物质被彻底氧化分解	设备易腐蚀,消耗燃料,处理成本高,催化燃烧使催化剂易中毒	适用于处理高浓度、小气量的可燃性气体
生物技术	设备简单,投资及运行费用低,无二次污染	占地面积大,易堵塞,填料需定期更换,效果受温度和湿度的影响大,专属菌培训需要较长时间,遭到破坏后恢复时间较长	适用于处理低浓度的可生物降解VOCs
吸收技术	工艺简单,管理方便,设备运转费用低	吸收液产生二次污染,净化效率一般不高,应与其他技术联合使用	多用高沸点、低蒸汽压的有机溶剂为吸附剂
冷凝技术	可回收有用物质,技术成熟	温度、压力等条件要求高,尾气一般还需深度净化	适用极高污染物浓度废气,通常作为预处理手段
低温等离子体技术	适用范围广,占地面积小,几乎可以和所有的VOCs作用,反应快,运行费用低,随开随用	对设备的设计要求高,净化效率一般不如吸附和燃烧技术	适用于处理低浓度、异味废气
光催化氧化技术	占地小,管理方便,即开即用,运行费用低	反应速度慢,光子效率低,反映不彻底	大多处于研发阶段,技术不成熟
膜分离技术	分离效率高,回收有用物质	膜要求高,成本高	适用于高浓度有机化合物的回收

2. 非甲烷总烃净化效果

测试机构 1 测试的非甲烷总烃净化效果数据如表 4-4 所示。在净化设备进口平均浓度为 2.84 mg/m³ 的条件下,静电式油烟净化设备对非甲烷总烃的净化效果较差,平均净化效率为 39.21%。

表 4-4 实验室测定的净化设备对非甲烷总烃的净化效率(测试机构 1)

序号	进口浓度(mg/m³)	出口浓度(mg/m³)	净化效率(%)
1	2.89	1.91	33.91
2	3.21	1.52	52.65
3	2.20	1.40	36.36
4	3.87	1.85	52.20
5	2.31	1.71	25.97
6	2.45	1.54	37.14
7	2.96	1.90	35.81
8	3.23	1.44	55.42
9	2.76	2.12	23.19
10	2.56	1.55	39.45
平均值	2.84	1.69	39.21

测试机构2选取的静电式、机械静电式、静电光解式、机械静电光解式的净化设备,检测了其非甲烷总烃净化效果,数据如表4-5所示。在净化设备进口平均浓度为7.86 mg/m³的条件下,静电式及静电复合式油烟净化设备对非甲烷总烃的净化效果较差,平均净化效率为29.77%。

表4-5　实验室测定的净化设备对非甲烷总烃的净化效率(测试机构2)

序号	进口浓度(mg/m³)	出口浓度(mg/m³)	净化效率(%)
1	4.92	3.85	21.75
2	6.58	4.22	35.87
3	7.49	5.01	33.11
4	8.95	5.47	38.88
5	10.25	7.05	31.22
6	8.95	7.36	17.77
平均值	7.86	5.49	29.77

两个测试机构的检测数据都表明,当前油烟净化设施对油烟中非甲烷总烃的净化效果不佳,净化效率在40%以下,因此需要开发新的净化技术。

中环协(北京)认证中心2019年发布了《餐饮业污染物(油烟、颗粒物、非甲烷总烃、臭气)协同净化设备》(CCAEPI-RG-Q-052)认证实施规则,开展了相关产品的认证工作。统计分析当前通过餐饮业污染物协同净化设备认证的产品发现,已通过认证的3款产品都采用活性炭吸附技术来去除油烟中的非甲烷总烃,形式有活性炭网和活性炭模块。净化效果如表4-6所示。在净化设备进口平均浓度为26.79 mg/m³时,出口浓度能达到10 mg/m³以下,能够达到北京市、深圳市等地的排放要求。加装活性炭网或活性炭模块的净化设备对非甲烷总烃的净化效率在65%以上,平均净化效率为72.20%,最高可达到84%左右。从现有数据可知,加装活性炭吸附装置的油烟净化设备可有效去除餐饮业油烟中的非甲烷总烃,但活性炭的后期维护、处理措施仍需进一步探讨。

表4-6　协同净化设备对非甲烷总烃的净化效率

序号	进口浓度(mg/m³)	出口浓度(mg/m³)	净化效率(%)
1	25.00	8.30	66.80
2	26.76	9.10	66.00
3	27.59	9.60	65.20
4	27.50	4.40	84.00
5	26.78	6.40	76.10
6	27.09	6.80	74.90
平均值	26.79	7.43	72.20

4.2　餐饮业大气污染物在线监测技术

餐饮业大气污染物在线监测仪不同于传统检测方法需要现场采样并取回实验室进行

分析后才能得出污染物浓度的数据,可以实现污染物排放浓度实时在线监控,适用于餐厅、饭店、机关食堂等单位排放的烹饪油烟的浓度监测以及工业非食用油烟浓度的实时在线监测。

在《饮食业油烟排放标准(试行)》(GB 18483—2001)的基础上,北京、深圳、重庆等城市相继出台了更加严格的地方标准,在原有油烟排放浓度检测指标的基础上,增加了颗粒物和非甲烷总烃 2 个检测指标。因此,本节主要介绍油烟、颗粒物和非甲烷总烃在线监测技术的现状。

4.2.1 油烟、颗粒物在线监测技术

1. 技术原理与特点

餐饮业油烟浓度监测仪是用于测量固定污染源排放的废气中油烟质量浓度的仪器,并能显示浓度值或输出浓度信号,测量结果与《固定污染源废气油烟和油雾的测定红外分光光度法》(HJ 1077—2019)规定的方法对比。目前,市场上餐饮油烟在线监测方法主要有电化学法和光散射法。

(1)电化学法

原理:根据电化学性质与被测物质的化学或物理性质之间的关系,将被测定物质的浓度转化为一种电学参量加以测量。

优点:测量范围宽,仪器设备调试和操作较简单。

缺点:精度不高(受温度、湿度、烟气流速变化的影响较大);难以克服油烟黏附性对电化学元器件表面的污染问题,探头需要经常清洁维护。

(2)光散射法

深圳市地方标准《饮食业油烟排放控制规范》(SZDB/Z 254—2017)规定,油烟现场和在线监测等效测试方法为粒子集合光散射法。

原理:光散射法餐饮油烟浓度监测仪作为应用广泛的一种快速测量仪器,通过发射光源照射排烟管道内油烟中颗粒物,根据散射光的强度与油烟颗粒物浓度的对应关系,计算出排烟管道内油烟的浓度,并形成电信号,再通过二次仪表显示(图 4-3)。

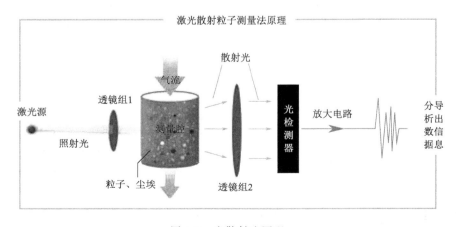

图 4-3 光散射法原理

优点:设备具有携带方便的优点,在测量上有速度快和准确度高的优点,其设备灵敏度高和可靠的稳定性,也可以进行 K 值的预置,来实现直接显示质量浓度,并且可通过较好的设计,一定程度的解决探头抗污染问题。

缺点:不同菜系应考虑不同的匹配系数。比如烧烤类和家常菜应有所不同;高湿度和水汽会对测量结果带来影响。

2. 设备组成

油烟在线监测设备(包括电化学法和光散射法)主要由采样单元、检测单元、数据传输和显示单元数据等组成,影响其性能的关键元器件主要是油烟传感器、温湿度传感器和电流互感器等。

当前市场常用油烟在线监测设备通常带有 GPRS/CDMA 等无线通信接口,以及最少 1 路 RS-232 接口;具有历史数据查询和保存功能;具有开关量输入功能,可检测风机和油烟净化设备的开关状态等。

4.2.2　非甲烷总烃在线监测技术

目前应用到餐饮业上的非甲烷总烃在线监测设备还不普遍,涉及到的技术有 GC-FID 检测法、PID 检测法、半导体传感器法。

1. GC-FID 检测法

非甲烷总烃在线监测系统采用 GC-FID 法检测,具体的工作原理如下。

(1)气体样本通过火焰后产生一个复杂的离子化过程,产生大量的离子。

(2)火焰喷嘴两端高电压电极产生一个静电场,离子化产生的正负离子分别向正负电极移动,从而在两个电极之间产生电极电流。

(3)电流的强度和燃烧气体样本中的烃的浓度是成比例关系的,从而根据电流强度测出气体样本中的烃的含量。

2. PID 检测法

PID(光离子传感器)是使用具有特定电离能的真空紫外灯产生紫外线,当有机气体分子在电离室对气体分子进行轰击时,把气体中含有的有机物分子电离击碎成带正电的离子和带负电的电子。在电场的作用下,离子和电子向极板撞击,从而形成可被探测到微弱的离子电流。这些电离的微粒产生的电流经过放大,就能在仪表上显示 ppm* 级的浓度。

工作原理如图 4-4 所示。

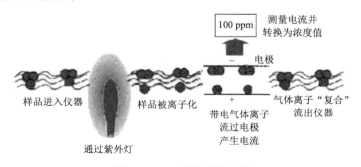

图 4-4　PID 检测法原理图

*　1 ppm＝10^{-6}。

PID 原理的设备在使用过程中存在以下问题。

（1）油烟的特性会使 PID 传感器极易被污染，维护成本很高。

（2）PID 传感器对不同物质具有不同的响应因子，油烟成分复杂，且长链物质不易被电离。

以上两种检测方法的对比情况见表 4-7。

表 4-7　两种检测方法的对比情况比

参数	PID 检测法	FID 检测法
尺寸、重量	体积小、重量轻	体积大、重量重
数据线性	低浓度下线性良好	在整个范围内线性都较好
检测范围	1 ppb 至 10000 ppm	1～50000 ppm
选择性	选用低能量灯增加选择性	无选择性
惰性气体影响	无影响	需要提供氧气或空气作为稀释气体
可靠性	可靠、寿命长	频繁的氢焰问题和更换氢气瓶带来不可靠性
安全性	本质安全	防爆

注：1 ppb＝10^{-9}，1 ppm＝10^{-6}。

3. 半导体传感器法

半导体传感器一般采用贵金属氧化物等，当测量区域被高温加热时，半导体与目标气体发生表面作用，从而促使贵金属氧化物电阻率发生变化，根据测量浓度的不同，电阻率变化呈线性趋势。该方法对部分 VOCs 物质有较好的响应，成本低。但对不同物质响应因子不同，误差相对较大。

第5章　我国环境保护产品认证现状

5.1　产品认证的起源和发展概况

5.1.1　产品认证的起源

认证是指由认证机构证明产品、服务、管理体系符合相关技术规范、相关技术规范的强制性要求或者标准的合格评定活动。目前,认证已经成为一种国际通行、社会通用的质量管理手段和贸易便利化工具,是市场经济条件下加强质量管理、提高市场效率的基础性制度,其本质属性是"传递信任、服务发展"。

在商品经济发展初期,当商品在市场上交易时,供方通常采用产品质量"合格声明"的方法,来取得购买方的信任,以推销其产品,简化交付手续,加快商品流通。随着科学技术的不断发展,产品品种日益增多,产品的结构和性能日趋复杂,供方的产品质量仅凭"合格声明"并不总是可信,于是开始出现以买卖双方之外的第三方开展评价产品质量的活动。

1903年,英国首先以国家标准为依据对英国钢轨进行质量认证,即在不受供需双方利益所支配的独立第三方对钢轨质量进行合格评定,并在认证合格的钢轨上刻印风筝标志,开创了国家认证制度的先河,并开始了在政府领导下规范性地开展认证工作[18]。自此产品质量第三方认证成为政府规范市场的有力措施,并通过行政手段保证其有效实施,引导质量合格的产品进入市场,并推荐给购买方,强行要求质量有缺陷的产品退出市场。于是,在政府的推动下,认证工作开始由独立的第三方以科学、公正的方式开展起来。

随后认证活动不断发展,欧洲、美国、日本等发达国家借鉴英国模式,对市场上涉及人身安全与健康方面的商品,开展了强制性质量认证,并对认证合格的产品颁发认证标志,在此基础上逐渐形成了强制性认证和自愿性认证两大类。

5.1.2　国外产品认证发展概况

目前,世界上各主要工业化国家基本建立了本国的产品质量认证制度。据统计,目前,美国有55种认证,日本有25种,欧盟共有9种,如UL、SG、CE、ST认证等[19]。这些国家社会经济水平发达,产品质量认证市场发展比较完善。下面简要介绍以上几个国家的产品质量认证制度的发展概况。

(1)美国的产品质量认证制度

美国的产品质量认证活动开展较早,认证制度则是伴随着认证活动的产生而产生。目前美国产品质量认证遍布本国社会生活的方方面面,而且认证的产品质量信服力高。美国产品质量认证包括政府机构认证和民间产品质量认证活动两大类,国家标准协会(ANSI)负责认证工作的协调组织工作。联邦政府、地方政府机构的认证活动侧重于对认证的宏观管理、立法和对强制性产品质量认证的推进,涉及安全、健康、卫生和环保方面的认证都被列入强制性产品认证目录;民间认证的活动在自愿性产品认证领域很活跃。

(2)日本的产品质量认证制度

日本实行的认证制度具有很强的代表性,是由政府各管理部门分别对其管辖的产品实施质量认证,并独立印制认证标志。经济产业省、农林水产省等部门管理的认证产品较多,其中经济产业省管理的认证产品占全国认证产品总数的90%左右[19]。日本认证工作依据的法律发布于1949年,历经6次修改完善。该法律详细规定了认证各个环节的具体要求,包括:认证证书取得的程序、认证标志的使用、认证的收费、认证机构的管理、认证证书的撤销、获证企业的管理、认证法律责任、境外企业申请认证的程序等。

日本实施的产品认证制度也分为强制性认证和自愿性认证。实施强制性认证制度的产品主要有4类:日用消费品、煤气、液化气用具、电器产品。强制性产品认证要求生产企业需依法取得产品质量认证证书,并在认证合格的产品上印制认证标志,未通过认证或无认证标志的产品禁止销售。日本的自愿性认证也逐步发展起来,以工业产品的自愿性认证为例,由经济产业省根据国民经济发展的实际需要发布自愿性认证目录,未列入目录的产品暂不进行认证。

(3)欧盟的产品质量认证制度

1985年欧盟发布《关于技术协调与标准化新方法》的决议指令,决定建立统一的认证制度。指令规定:欧洲检验与认证组织(EOTC)负责统一协调欧盟的认证工作,各成员国向EOTC推荐机构名单,作为欧盟承认的认证机构;自1985年起,针对涉及健康、安全、环保方面的商品由欧洲议会统一立法,并以指令形式颁发,各国必须接受;产品在欧洲市场流通必须符合欧洲技术法规和标准的规定,并对指令要求的产品实施CE认证。

5.2　我国产品认证体系现状

我国当前的认证体系主要包括管理体系认证、产品认证和服务认证三大类。其中与餐饮业大气污染防治技术有关的主要是产品认证,同时也涉及到管理体系和服务认证的内容。本节主要介绍产品认证的基本情况。

5.2.1　我国产品认证的分类

我国的产品认证制度是遵循国际通用准则建立的强制性产品认证与自愿性产品认证相结合的制度。从认证的性质出发,我国认证大致划分为强制性认证和自愿性认证。

强制性认证又称法规性认证,是国家或者区域组织通过法律的形式,强制要求实施的认证。强制性产品认证制度是以《中华人民共和国产品质量法》《中华人民共和国进出口商品检验法》《中华人民共和国标准化法》《中华人民共和国进出口商品检验法实施条例》为基础建立,并在《中华人民共和国认证认可条例》中正式给予法制化的。采用的方式是国际通行的产品质量认证方式,而具体采用的认证模式为8种认证模式中的第五种模式,是世界各国采用最多的一种模式。强制性产品认证的范围包括食品、特种设备、电工、电器、建材、机械、汽车及其零部件和危险化学品。

自愿性认证又称非强制性认证或推荐性认证,是指产品的生产商或者贸易商自愿向认证机构申请,由认证机构对产品的技术性能进行检测和认证,证明其符合相关标准或技术规范的产品评价制度。自愿性认证中强制性检验项目少,供用户选择或由供需双方协议的项目多。产品标准中规定的检验项目,主要是根据产品的主要用途和制定标准的目的来确定的,例如节能节水产品认证、环保产品认证、环境标志产品认证、低碳产品认证、CQC 标志认证、国推 RoHS 认证、有机产品认证、绿色食品认证、无公害农产品认证等。自愿性产品认证具有增强企业市场竞争能力,指导消费者选购性能优良的商品,降低企业交易费用、全面提高产品性能和提高企业持续稳定生产出符合标准或技术规范要求产品的能力,国务院认证认可监督管理部门积极推进我国的自愿性产品认证工作,制定了统一的自愿性认证管理办法,统一程序和标准。

5.2.2　我国产品认证的主要模式

国际标准化组织(ISO)在 1982 年出版的《认证的原则与实践》中,归纳了 8 种常见的产品认证模式。每种模式的复杂程度、周期、成本各不相同,给予产品用户、消费者、管理部门和其他相关方的信息也不一样,在其特定应用环境下都有其合理性。

第一种认证模式——型式试验。按规定的方法对产品的样品进行试验,以证明样品是否符合标准或技术规范的全部要求。

第二种认证模式——型式试验+认证后监督(市场抽样检验)。这是一种带有监督措施的认证制度,监督的方法是从市场上购买样品或从批发商、零售商的仓库中随机抽样进行检验,以证明认证产品的质量持续符合认证标准的要求。

第三种认证模式——型式试验+认证后监督(工厂抽样检验)。这种认证制度与第二种相类似,但是监督的方式有所不同,不是从市场上抽样,而是从生产厂发货前的产品中随机抽样进行检验。

第四种认证模式——型式试验+认证后监督(市场和工厂抽样检验)。这种认证制度是第二种和第三种的综合。

第五种认证模式——型式试验+工厂质量体系评定+认证后监督(质量体系复查+工厂和/或市场抽样)。此种认证制度的显著特点是在批准认证的条件中增加了对产品生产厂质量体系的检查评定,在批准认证后的监督措施中也增加了对生产厂质量体系的复查。

第六种认证模式——工厂质量体系评定+认证后的质量体系复查。这种认证制度是对生产厂按所要求的技术规范生产产品的质量体系进行检查评定,常称为质量体系认证。

第七种认证模式——批量检验。根据规定的抽样方案,对一批产品进行抽样检验,并据此对该批产品是否符合认证标准要求进行判断。

第八种认证模式——100%检验。对每个产品在出厂前都要依据标准经认可的独立检验机构进行检验。

5.3　我国环境保护产品认证基本情况

5.3.1　环境保护产品认证简介

1. 定义与特点

环境保护产品(以下称环保产品)是以控制环境污染、保护环境为主要目的产品总称。我国在 20 世纪 80 年代提出了环保产品的概念。传统的环保产品一般是指用于防治环境污染、保护生态环境的设备、材料和药剂以及环境监测专用仪器仪表。其通常具备两个特点:一是直接应用于污染治理、环境保护工程设施或环境监督管理,离开了环境保护,这类产品就没有了市场;二是大多数产品的使用功能和环境功能一致,如各类除尘器产品、各类环境监测专用仪器等。在当今大力倡导可持续发展和环境保护的社会背景下,环保产品的内涵得到进一步丰富和发展,人们有时还将其他有益于环境保护的产品统称为环保产品[20]。

当前我国开展的环保产品认证是由第三方机构依据相关标准对环保产品质量进行评定,并由第三方机构出具合格证明的活动。目前开展的环保产品认证的实质是自愿性产品认证,与一般产品的质量认证不同的是,环保产品认证不仅要对产品本身质量进行认证,而且要对产品使用(现场使用如污染物排放)性能、产品本身的环境保护性能(如控制产品本身的噪声和二次污染)进行认证。

2. 环保产品认证的范围

目前,国际上对环保产品的分类无论在理论上还是在生产和实际应用中,都是按所控制或监测的污染对象进行的,即按污染要素进行分类。在分类上,目前还没有国际标准。我国对环保产品的分类已经上升到了标准层次[20]。

我国目前开展的环保产品认证基本与国际上环境货物清单中污染管理相关产品内涵相一致,主要分为三大类,即污染控制产品、环境监测仪器和环境保护相关药剂、配件和材料。包括水污染控制产品、大气污染控制产品、消除噪声的产品、废物管理与处置产品、环境监测仪器、电磁污染防治产品以及环境保护相关药剂、配件和材料。

5.3.2 我国环保产品认证工作的发展历程

我国环保产品的认证工作始于 1996 年,共经历了 3 个发展阶段[21]。

1996—2000 年,环保产品认定的初创阶段。20 世纪 90 年代以前,我国尚未建立起有效的环保产品管理体系,环保产品生产企业分散于国家和地方的各工业部门。在环保产品的管理上,一方面是环保产品监督管理长期无主管部门,另一方面是缺乏有效的产品监督管理手段。由此,造成了环保产品质量和标准化水平低,影响了环境保护投资效益并造成了环保产品市场混乱,妨碍了公平竞争。为加强对环保产品的监督管理,经国务院授权,国家环保局于 1996 年创建并实施了环保产品认定制度。为实施环保产品认定制度,原国家环保总局组织制定、修订了 90 多项环保产品认定技术条件,其中约 2/3 为国内首次制定,推进了我国环保产品标准化、系列化的进程。技术条件的内容较客观地反映了我国环保产业及污染治理应用的发展要求,并具有一定的前瞻性,为我国环保产品的生产研发起到了指导作用。此外,还培育和认可了一批环保产品检测机构,初步建立了我国环保产品的检测体系。

2001—2004 年,由行政性认定向第三方认定的过渡阶段。随着环保产品认定工作的开展和社会主义市场经济体制的逐步建立,为使环保产品认定制度逐步与国际通行的产品认证制度接轨,国家环保总局于 2000 年下发了《关于调整环保产品认定工作有关事项的通知》(环发〔2000〕130 号),将环保产品认定工作委托中国环境保护产业协会组织进行。这一阶段,是环保产品认定由行政性认定转为第三方认定的开始和过渡,体现了政府部门在环保产品认定模式向环保产品认证模式观念上的转变。

2005 年以来,进入环保产品认证阶段。由中国环境保护产业协会中环协(北京)认证中心组织实施。为贯彻落实国务院颁布的《中华人民共和国认证认可条例》,适应新的认证制度的要求,在原国家环保总局和国家认证认可监督管理委员会的大力支持下,中国环境保护产业协会组建了中环协(北京)认证中心,由原来的认定制度向认证制度转变,从制度层面实现了我国环保产品认证活动与国际接轨。目前已有多家认证机构开展自愿性环保产品认证,为环保产品的规范化、标准化发展提供了有力的市场运行制度保障。

5.4 环保产品认证活动实施典型案例介绍

5.4.1 环保产品认证实施机构案例介绍

随着环保产业的不断发展,当前我国环保产品认证已有多家认证机构在实施开展自愿性环保产品认证。其中以最早开展自愿性环保产品认证的中环协(北京)认证中心为例,介绍环保产品认证实施机构情况与认证各项活动的实施情况。

中环协(北京)认证中心是由中国环境保护产业协会组建,经原国家环境保护总局和国家认证认可监督管理委员会批准成立的专业环境类认证机构。

1. 中心简介

认证中心具有良好的行业背景和专业能力,与国内外企事业单位建立了广泛的合作,参与国家环境保护产品标准制定、修订工作,熟悉国家环境保护法律法规和政策标准,其开展的认证工作更适应市场需求和企业要求。认证中心以其专业性、权威性和社会公信力得到了产品生产厂、用户和环境管理部门的认可。

认证中心秉承"专业、务实、严谨、服务"的传统,坚持"认证工作服务于客户、方便于用户、服从于环保事业"的理念,多年来在生态环境部和有关政府部门的支持下,不断发展,为获证企业创造更多的市场机遇,最终推动我国环保产业的全面发展。

2. 业务范围

认证中心开展的环保产品认证的范围以传统的环保产品为主体,目前包括以下六大类产品。

一是水污染治理产品:曝气设备(机械表面曝气机、中微孔曝气器、曝气转刷、鼓风潜水曝气机、单级射流曝气机、转盘曝气机、散流式曝气机等);过滤设备(带式压榨过滤机、压力式滤料过滤器、微孔过滤装置、自动清洗网式过滤器等);消毒设备(臭氧发生器、电解法二氧化氯协同消毒剂发生器、化学法二氧化氯发生器、电解法次氯酸钠发生器、紫外线消毒装置等);单元水处理设备(滗水器、格栅、刮泥机、吸泥机等);成套设备(生物接触氧化成套装置、气浮设备、油水分离装置等);潜水排污泵、罗茨鼓风机等。

二是空气污染治理产品:电除尘器、布袋除尘器、脱硫除尘一体化装置、餐饮业油烟净化设备、工业废气净化设备、室内空气净化设备、机动车污染控制设备、环保型锅炉、车用汽油清净剂等。

三是噪声与振动控制产品:消声器、隔声门、隔声窗、声屏障等。

四是固体废物处理处置产品:焚烧炉等。

五是环境监测仪器:水质在线监测仪、烟气排放连续监测系统、各类流量计、采样器等。

六是环境保护药剂与材料:水处理药剂、填料、袋式除尘用滤料、滤袋、框架等。

认证依据标准以生态环境部发布的环境保护产品技术要求(行业标准:代号 HJ)为主。此外,还采用有关国家标准和其他行业标准。

认证产品目录及相关信息可在国家认证认可监督管理委员会网站(www. cnca. gov. cn)、中环协(北京)认证中心网站(www. ccaepi. net 或 www. ccaepi. cn)或中国环境保护产业协会网站(www. caepi. org. cn)查询。

3. 认证实施成效和作用

环保产品认证制度的实施不仅为环保产品标准体系以及环保产品检测体系的建立和完善起到积极的推进作用,同时,使环保产品生产企业、用户和政府部门等不同利益相关方的关注点在产品认证的同一载体上得到体现,即为产品生产企业提供商机,为产品用户选择可信产品提供方便,为政府提供环境管理服务。

其社会效益为:通过持久深入地开展认证,广大环保企业的积极参与,将促进整个行业环保产品质量水平的提高,为环境保护提供可靠的强有力的物质技术支持;为规范产品市场竞争创造条件;促进环保产品贸易,消除贸易壁垒;促进认证产品的市场应用,提高环境保护投资效益;推动我国环保产业整体技术装备水平提高和环保产业发展。环保产品认证给产品制造厂带来的利益主要体现在:可提高认证企业内部的质量管理水平和产品质量水平;有利于扩大产品和企业知名度,树立良好的信誉和品牌形象,提高产品市场占有率;增强产品用户、政府部门等相关利益方对产品的信心;在工程招标、产品评优等活动中树立竞争优势。

5.4.2 环保产品认证实施一般程序

以中环协(北京)认证中心开展的自愿性环保产品认证为例,根据申请企业生产场所的不同分为境内企业认证和境外企业认证,其认证程序一般包括:认证申请;初始工厂检查;产品检验;认证结果评价与批准;认证后监督。

环保产品认证程序流程如图 5-1。

1. 认证申请

申请认证应提交正式申请,并随附以下文件。

(1)生产厂为境内企业

① 产品认证申请书。

② 工商行政管理部门核发的有效营业执照复印件。

③ 商标局核发的产品商标注册证复印件(仅限已注册商标的产品)。

④ 产品正反面照片、内部结构照片。

⑤ 企业标准信息公共服务平台(http://www. cpbz. gov. cn/)备案登记的申请认证。

⑥ 产品的企业标准。

⑦ 申请认证产品工厂质量保证管理文件。

⑧ 申请产品两个以上的用户意见,工程类设备应提供两个工程的验收报告。

⑨ 产品介绍材料、中文使用说明书和产品维修手册、产品主要技术性能指标说明。

⑩ 同一申请单元内各个型号产品之间的一致性说明及其差异说明等。

⑪ 原认证证书复印件(仅限复审产品)。

⑫ 生产模式为 OEM/ODM 模式时应提交 OEM/ODM 相关方(初始认证证书持证方、制造商、生产厂)签订的协议的复印件和生产厂的营业执照,协议需对 OEM/ODM 产品的一致

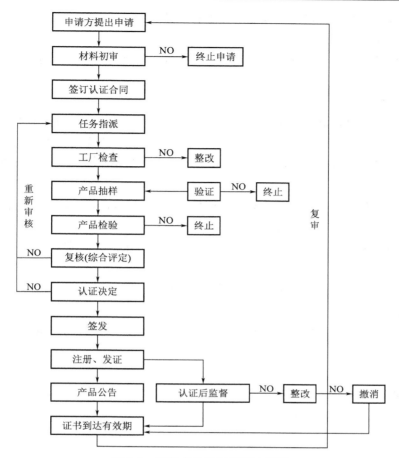

图 5-1　环保产品认证程序流程图

性作出承诺和职责安排。

⑬ ODM 初始认证证书复印件(仅限 ODM 产品)。

⑭ 其他需要的文件。

(2)生产厂为境外企业

① 产品认证申请书(境外企业)。

② 申请企业合法经营的证明文件。

③ 产品准予进入产品生产所在国市场的证明文件。

④ 产品准予进入中国市场的证明文件。

⑤ 产品注册商标的证明文件。

⑥ 产品执行的符合规定的国际/国外现行标准和企业标准。

⑦ 生产企业的产品质量保证书、产品简介及使用说明书。

⑧ 申请认证产品的用户使用报告(两个以上用户)和主要用户清单。

⑨ 其他相关材料(如企业的质量管理认证、产品安全认证等)。

⑩ 代理商需提交境外企业出具的授权代理认证的委托书。

2. 初始工厂检查

(1)检查内容

工厂检查的内容为工厂质量保证能力检查和产品一致性检查。

① 工厂质量保证能力检查

由认证机构派检查员对生产厂按照《环境保护产品认证工厂质量保证能力要求》进行检查。

② 产品一致性检查

工厂检查时未出具产品检测报告的情况下,产品一致性检查工作在认证后监督完成。工厂检查时产品检测报告已经出具的情况下,需在生产现场对申请认证的产品进行一致性检查。若认证单元为产品系列,则一致性检查应对每个单元的产品至少抽取一个规格型号。重点核实以下内容:

认证产品上和包装上标明的产品名称、型号、规格与产品检验报告上所标明的一致;

认证产品的结构及主要配套设备应与产品检验时的样品一致;

认证产品所用的关键元器件和原材料应与产品检验时的样品一致。

③ 检查范围

工厂检查的范围覆盖申请认证产品的所有加工场所和所涉及的活动。

(2)初始检查时间

一般情况下,产品检验合格后,再进行初始工厂检查。产品检验和初始工厂检查也可以同时进行。

3. 产品检验

(1)检验原则

产品检验采取抽样/送样的方式。

(2)产品检验的方式

采取实验室检测的方式。

(3)产品检验依据的标准

按照产品认证规则中要求的检验项目、技术要求及检测方法执行。

4. 认证结果评价与批准

(1)认证结果复核与认证决定

由认证机构负责对产品检验、工厂检查结果进行复核与决定。

(2)认证时限

认证时限是指自受理申请之日起至颁发认证证书时止所实际发生工作日,包括产品检验时间、工厂检查后提交报告时间、认证结论评定和批准时间以及证书的制作时间。

产品检验时间根据产品和相关标准确定(因检验项目不合格,进行整改和复试的时间不计算在内),从收到样品和检测费用起计算。

5. 认证后的监督

(1)监督的方式和内容

获证后监督活动可以采用以下方式进行:

① 工厂质量保证能力抽样检查。

② 产品性能抽样检测。

③ 用户调查/应用现场抽样检测/检查。

④ 获证组织自我声明。

（2）增加监督频次的条件

若发生下述情况之一可增加监督频次：

① 获证产品出现严重质量问题和/或用户提出严重投诉并经查实为持证人责任时。

② 认证机构有足够理由对获证产品与标准要求的符合性提出质疑时。

③ 有足够的信息表明生产者、生产厂因变更组织机构、生产条件、质量管理体系等，可能影响产品符合性或一致性时。

（3）减少监督频次的条件

若发生下述情况之一可减少监督频次：

① 获证产品/服务经过两次及以上复审且未曾被投诉时。

② 认证机构在一年内对同一获证机构的同一生产地址进行过两次及以上现场审核且未曾被投诉时。

（4）监督不符合项的整改

监督检查发现不符合项时，应在规定的时间内完成整改，通常一般不符合为 1 个月、严重不符合为 3 个月的整改期，认证机构将采取适当方式对整改结果进行验证，对整改措施无效以及超过整改最后期限的，相应获证证书进入证书暂停程序。

（5）监督结果的复核和决定

监督检查结果的复核和决定按照认证机构的相关规定来执行。

5.4.3　环保产品工厂检查要求

1.《环保产品认证工厂质量保证能力要求》简介

中环协（北京）认证中心开展的自愿性环保产品认证，工厂检查主要依据《环保产品认证工厂质量保证能力要求》（CCAEPI-ZD-305-1）（以下称《质保能力要求》）实施。《质保能力要求》的内容由十大条款 24 个要素组成，大致可以归纳为三大方面的要求，分别是产品实现要求、分析改进要求、基础性和总体要求[22]。

（1）产品实现要求

产品实现流程通常是：设计、采购、生产、检验、包装与储存。产品实现过程难免产生不合格品，为防止不合格品的非预期使用，需要对不合格品进行控制。产品销售一段时间后，由于内外部要求的变化，可能需要对产品进行变更，为确保产品的一致性及产品与标准的符合性，《质保能力要求》对产品的实现主要过程提出了具体要求，分别是 2.2 中对设计文件的要求；3 供应商质量控制；4 生产过程控制；5 例行检验和型式检验；7 不合格品控制；10.2 产品的包装、储存。

（2）分析改进要求

从认证的成本和经济性考虑，认证机构对获证产品的监督频次有限，工厂为确保产品质量持续符合认证中心要求，需要建立发现问题、分析问题、自我完善与改进机制。《质保能力要求》在分析改进方面提出以下要求：8 内部质量评审制度。

（3）基础性和总体要求

工厂要持续生产符合要求的产品，需要一定的资源和组织结构；在产品实现的分析改进过程中，为使过程受控，需要建立和形成一定的文件和记录；作为重要资源的检验试验仪器设备，其控制必须符合国家法律法规和国际通行做法；产品一致性控制贯穿产品实现的全过程，在产品实现相关过程的要求中已提出一致性控制的具体要求,为体现产品一致性控制在工厂质量保证能力中的重要性,有必要对产品一致性控制提出概括性的总体要求;环保产品认证证书和标志的管理及使用,应符合相关法律法规和产品认证实施规则/细则的规定。基于上述目的,《质保能力要求》提出了以下基础性和总体性要求:1 职责和资源;2 质量文件和产品标准;6 检验(试验)仪器设备;9 产品一致性的控制;10.1 证书和标志。

2.《环保产品认证工厂质量保证能力要求》条款

(1)职责和资源

工厂应规定与产品质量活动有关的各类人员的职责及相互关系。工厂应指定一名质量负责人,授权其负责建立满足本文件要求的质量体系,并确保其实施和保持。质量负责人应具有充分的能力胜任本职工作。

工厂应配备必要的生产设备和检验设备以满足稳定生产符合认证标准的产品要求。工厂应配备相应的人力资源,确保对产品质量有影响的人员具备必要的能力。工厂需建立并保持适宜产品生产、检验、试验、储存等必要的环境。

(2)质量文件和产品标准

工厂应建立并保持文件化的产品质量管理文件,以确保产品质量的相关过程有效运作。

应有完整的产品设计文件和工艺文件,审批手续完备。

产品生产应按照相应的标准(一般为企业标准)组织生产,并能有效指导和控制产品质量;产品企业标准应在企业标准信息公共服务平台备案(登记),且产品标准技术性能要求应不低于该产品的认证标准要求。

(3)供应商质量控制

工厂应制定《关键元器件和原材料供应商清单》,并建立供应商档案。

工厂应对外协件加工方提出文件化的质量要求,并建立质量验收档案记录。

工厂应对关键元器件和原材料供应商、外协件加工方进行定期评审,确保其提供的产品持续符合认证及相关标准要求。相关记录完整有效。

(4)生产过程控制

工厂应对影响产品质量的关键生产工序进行识别,如果该工序没有文件规定就不能保证产品质量时,则应制定相应的工艺文件、作业指导书,使生产过程受控。

关键工序操作人员应经过相关技能培训,具备相应能力。

工厂应建立并保持生产设备管理(操作维护保养)制度。

(5)例行检验和型式检验

工厂应建立并保持对供应商提供的元器件和原材料的检验或验证的规程或作业指导书,以确保其质量满足要求。关键元器件和原材料的检验可由工厂进行,也可以由供应商完成。当由供应商检验时,工厂应对供应商提出明确的检验要求。工厂应保存完整有效的关键元器件和原材料的检验或验证记录及供应商提供的合格证明及有关检验数据等。工厂应建立并保持产品零部件的编号/码管理制度及相关记录,确保产品出厂编号与零部件编码唯一对应并方便查询。

工厂应建立并保持文件化的对关键工序生产结果的检验规程或作业指导书,明确规定检验的抽样方法、检验项目、适用方法、判定规则等,以确保其结果满足工序质量要求。工厂应保存完整有效的关键工序检验记录。

工厂应建立并保持文件化的出厂检验规程或作业指导书,明确规定检验的抽样方法、检验项目、适用方法、判定规则等,工程类产品应建立并保持安装调试及验收作业指导书,以确保出厂质量满足要求。出厂检验一般按企业标准相关规定进行。工厂应保存完整有效的产品出厂检验(或工程验收检验)记录。

工厂应制定并保持文件化的型式检验程序、检验规程或作业指导书,明确规定检验的抽样方法、检验项目、适用方法、判定规则等,以验证产品持续符合企业标准要求。型式检验一般按企业标准相关规定进行。工厂应保存完整有效的型式检验(或工程验收检验)记录。

(6)检验(试验)仪器设备

用于检验和试验的仪器设备应配置齐全,设置台账,能满足产品检验需要。检验和试验的仪器设备应有操作规程或者说明书,检验人员应具备岗位能力,必要时要经过培训,并能按操作规程要求正确使用仪器设备。

检验仪器设备应按规定的周期进行校准或检定。校准或检定应溯源至国家基准。对自行校准的仪器设备,应规定校准方法、验收规则和校准周期等。设备的校准状态应能被使用及方便管理人员识别。

(7)不合格品的控制

工厂应建立并保持不合格品控制程序,内容应包括不合格品的标识方法、隔离和处置及采取的纠正、预防措施。经返修、返工后的产品应重新检测。对重要部件返修应做相应的记录,应保存完整有效地对不合格品的处置记录。

(8)内部质量评审制度

工厂应建立并保持内部质量评审制度,定期对影响产品质量的各个环节进行评审,确保质量体系的有效性,并保持内部评审记录。

对工厂的投诉尤其是对产品不符合标准要求的投诉,应保存记录。

对内部评审中发现的问题,应采取纠正和预防措施,并进行记录。

(9)产品的一致性

工厂应对产品的一致性进行控制,以确保所有产品持续符合标准规定的要求。

工厂应建立并保持产品关键元器件、原材料、结构等影响产品性能要求因素的变更控制程序,确保不因部件、材料、结构等的改变而影响产品整体性能。

当获得认证的产品(部件、结构、性能等)发生变更时,应对产品发生变更导致的与认证标准的符合性进行评估,并报认证机构备案。

(10)标志、铭牌、包装、搬运和储存

出厂产品铭牌标识内容应完整,并符合有关规定。对获得环保产品认证证书的企业,工厂应建立文件化的程序,确保认证标志妥善保管和使用。获证产品出厂应有认证标识。

工厂所进行的任何包装、搬运操作和储存环境应不影响产品质量。

第6章 餐饮业大气污染防治认证评价技术要求

6.1 餐饮业油烟净化设备认证评价技术要求

2019年7月8日,中环协(北京)认证中心发布《环保产品认证实施规则——餐饮业油烟净化设备》(CCAEPI-RG-Q-015—2019)。该认证实施规则主要是针对执行国标 GB 18483—2001 排放标准的餐饮业油烟净化设备,产品的性能指标主要依据 HJ/T 62—2001 标准,在标准的基础上根据油烟净化设备近些年的发展,提升了不同风量净化设备的净化效率并增加了对静电式净化设备用高压电源的要求。具体技术要求介绍如下。

(1)适用范围

《环保产品认证实施规则——餐饮业油烟净化设备》适用于一体化、处理风量为 2000～20000 m³/h 的餐饮业油烟净化设备。餐饮业油烟净化设备包括餐饮服务单位使用的净化设备以及用于净化产生油烟排放的食品制造业企业使用的净化设备。

(2)认证申请单元定义

按不同的产品结构型式、工作原理、关键元器件、材料和规格来划分申请单元。产品由同一生产厂生产,且产品结构型式、工作原理、关键元器件和材料完全相同,仅规格不同的产品系列也可以作为一个申请单元。依据不同标准生产或不同生产场地的产品为不同的申请单元。

(3)抽样原则

申请单元中只有一个规格时,申请单位应从经生产工厂检验合格的产品中自行选取具有代表性的样品 1 台送检测机构进行产品检验。申请单元为同一型号不同规格产品时,申请单位应分别自行选取不同规格的产品各 1 台送检测机构进行产品检验。

(4)认证技术要求及检验方法

产品技术要求和检验方法如表 6-1 所示。

表 6-1 餐饮业油烟净化设备产品技术要求和检验方法

序号	检验项目	技术要求	检测方法
1	技术文件	图纸、设计说明书、企业标准齐备	目测
2	产品外观	应平整光洁,便于安装、保养、维护。静电式设备应有醒目的安全提示	目测和手感
3	标牌	符合 GB/T 13306—2011	目测
4	说明书	符合 GB/T 9969—2008,并注明设备保养周期和使用年限	目测
5	控制箱接地电阻	<2 Ω	HJ/T 62—2001

序号	检验项目	技术要求	检测方法
6	设备本体阻力	湿式、静电式≤300 Pa,机械式、复合式≤600 Pa	HJ/T 62—2001
7	设备本体漏风率	<5%	HJ/T 62—2001
8	湿式油烟净化设备出口烟气含水率	<8%	HJ/T 62—2001
9	静电式净化设备两极板之间的绝缘电阻	≥50 MΩ	HJ/T 62—2001
10	静电式净化设备用高压电源	符合《餐饮油烟净化器用高压电源》 (CCAEPI-RG-Q-041)要求的第三方检测报告	目测
11	额定风量下净化效率	大型≥90%	
12	80%风量下净化效率	中型≥85%	HJ/T 62—2001
13	120%风量下净化效率	小型≥75%	

6.2　餐饮业大气污染物协同净化设备认证评价技术要求

2019年7月8日,中环协(北京)认证中心发布《环保产品认证实施规则——餐饮业污染物(油烟、颗粒物、非甲烷总烃、臭气)协同净化设备》(CCAEPI-RG-Q-052—2019)。该认证实施规则相比《环保产品认证实施规则——餐饮业油烟净化设备》(CCAEPI-RG-Q-015—2019)增加了颗粒物、非甲烷总烃、臭气等申请因子,以筛选出满足北京、上海、深圳、重庆等地出台的地方排放标准要求的油烟净化产品。

(1)适用范围

《环保产品认证实施规则——餐饮业污染物(油烟、颗粒物、非甲烷总烃、臭气)协同净化设备》适用于一体化、处理风量2000~20000 m³/h的餐饮业污染物协同净化设备。

(2)认证申请单元定义

按不同的产品结构型式、工作原理、关键元器件、材料和规格来划分申请单元。产品由同一生产厂生产,且产品结构型式、工作原理、关键元器件和材料完全相同,仅规格不同的产品系列也可以作为一个申请单元。依据不同标准生产或不同生产场地的产品为不同的申请单元。

(3)抽样原则

申请单元中只有一个规格时,认证中心应从生产工厂检验合格的产品中随机抽取具有代表性的样品1台进行产品检验;申请单元为同一型号不同规格产品时,应分别抽取不同规格的产品各1台进行产品检验,抽样基数如表6-2所示。

表6-2　抽样基数

产品规格	抽样基数
大风量(≥12000 m³/h)	≥5台
中风量(≥6000~<12000 m³/h)	≥8台
小风量(≥2000~<6000 m³/h)	≥10台

(4)认证技术要求及检验方法

产品技术要求和检验方法如表6-3所示。

表 6-3　餐饮业大气污染物协同净化设备产品技术要求和检验方法

序号	检验项目	技术要求	检测方法
1	技术文件	图纸、设计说明书、企业标准齐备	目测
2	产品外观	应平整光洁，便于安装、保养、维护。静电净化设备应有醒目的安全提示	目测和手感
3	标牌	符合 GB/T 13306—2011	目测
4	说明书	符合 GB/T 9969—2008，并注明设备保养周期和使用年限	目测
5	控制箱接地电阻	<2 Ω	HJ/T 62—2001
6	设备本体阻力	湿式、静电式≤300 Pa，机械式、复合式≤600 Pa	HJ/T 62—2001
7	设备本体漏风率	<5%	HJ/T 62—2001
8	湿式油烟净化设备出口烟气含水率	<8%	HJ/T 62—2001
9	静电式净化设备两极板之间的绝缘电阻	≥50 MΩ	HJ/T 62—2001
10	静电式净化设备用高压电源	符合《餐饮油烟净化器用高压电源》(CCAEPI-RG-Q-041)要求的第三方检测报告	目测
11	绝缘强度	在正常环境条件和关闭设备电路状态下，电源相与机壳(接地端)之间，施加 50 Hz、1500 V 的交流电压 1 min，无异常现象(电弧或击穿)	GB/T 15479—1995
12	运行状态显示功能	具有显示正常、故障状态的功能	功能核实
13	静电式、光解式油烟净化设备臭氧	符合 GB 3095—2012 要求	HJ 504—2009/XG1—2018 或 HJ 590—2010
14	油烟	在额定风量、80%、120%风量下净化效率均≥95%且排放浓度≤1.0 mg/m³	HJ/T 62—2001
15	非甲烷总烃*	额定风量下净化效率≥65%且排放浓度≤10.0 mg/m³	HJ 38—2017 或 DB11/T1367—2016
16	颗粒物*	额定风量下净化效率≥95%且排放浓度≤5.0 mg/m³	DB11/T 1485—2017
17	臭气*	额定风量下排放浓度≤60(无量纲)	GB/T 14675—1993

* 注：颗粒物、非甲烷总烃、臭气指标根据企业实际申请的污染物控制因子确定是否检测。

6.3　餐饮业油烟在线监测设备认证评价技术要求

2011 年 7 月 7 日，中环协(北京)认证中心发布《环保产品认证实施规则——饮食业油烟浓度在线监控仪》(CCAEPI-RG-Y-020—2011)。

1. 适用范围

《环保产品认证实施规则——饮食业油烟浓度在线监控仪》适用于由前端监测系统、数据传输及报警系统等组成的饮食业油烟浓度监控仪。

2. 认证申请单元定义

原则上按不同产品的分析监测方法和规格来划分申请单元。产品由同一生产厂生产且采样装置、分析监测方法和数据采集传输系统完全相同,仅规格不同的系列产品也可作为一个申请单元。依据不同标准生产或不同生产场地生产的产品为不同的申请单元。

3. 抽样原则

同一申请单元的产品,抽取有代表性的样品各 1 套,进行型式检验。抽样基数不少于10 套。

4. 认证技术要求及检验方法

认证技术要求及检验方法如表 6-4。

表 6-4　油烟在线检测仪的性能指标

	序号	项目名称	要求	检测方法
检测	1	零点漂移	1h 零点漂移不超过±0.5 mg/m³	4.2.4.1 空气测量
	2	准确度	与参比方法测定结果平均值的相对误差应不超过±20%	4.2.4.2
	3	线性误差	≤10%	HJ/T 76 中 8.3.2
	4	绝缘阻抗	≥20 MΩ	4.2.4.3
	5	耐电压	无异常现象(电弧和击穿)	4.2.4.4
性能要求	6	传输方式	带有 GPRS/CDM 等无线通信接口以及最少 1 路 RS-232 接口	HJ/T 212—2005 HJ/T 477—2009
	7	断电复位	停电复位后,分析仪能自动恢复到原来的工作状态	手工检测
	8	时钟	能对校准时钟的频率进行手动调整	手工检测
	9	外观	表面不应有明显划痕、裂缝、变形和污染,仪器表面涂镀层应均匀,不应起泡、龟裂、脱落和磨损	目测
	10	历史数据查询	必须有 1 min、5 min、10 min、1 h、日报表、月报表数据查询功能,存储保证至少 1 a 的数据	手工检测
	11	开关量输入功能	最少有 2 路开关量输入检测,可用于检测风机和净化器的开关状态	手工检测
	12	开关量输出功能	可用于强制打开净化器	手工检测

型式检验依据的标准包括:《饮食业油烟排放标准(试行)》(GB 18483—2001)、《固定污染源烟气排放连续监测系统技术要求及检测方法》(HJ/T 76—2007)、《污染源在线自动监控(监测)系统数据传输标准》(HJ/T 212—2005)。

检验方法包括:(1)零点漂移。采用清洁空气,连续测定 24 h 后,利用该段时间内的初期零值(最初 3 次测定值的平均值),然后每分钟测试一次,取 1 h 测量值,计算最大变化幅度。(2)准确度。同时段下,同烟气状态下,依据《饮食业油烟排放标准(试行)》(GB 18483—2001)中的标准方法,比对手工测试结果与测量油烟浓度数据对之间作相对误差分析。(3)绝缘阻抗。在正常环境条件下,关闭监测仪电路状态时,采用国家规定的阻抗计测量(直流 500 V 绝缘阻抗计)电源相与机壳(接地端)之间的绝缘阻抗。(4)耐电压性。在正常环境条件和关闭监测仪电路状态下,电源相与机壳(接地端)之间,施加 50 Hz、1500 V 的交流电压 1 min,检查有无异常现象。

6.4 餐饮业油烟净化设施运营服务认证技术要求

为了适应餐饮业油烟净化设施运营服务业标准化、专业化的发展需要,实现油烟净化设施运营企业的规范化管理,达到符合我国法律法规要求,满足顾客需求和消费安全,开展油烟净化设施运营服务认证极具意义。

2019 年 11 月中环协(北京)认证中心在全国首次开展"餐饮业油烟净化设施运营服务认证"。通过服务认证的手段,可有效提升我国餐饮油烟净化设施运营服务与水平,促进并规范我国餐饮油烟净化设施运营服务行业的发展。

6.4.1 油烟净化设施运营服务认证的实施

油烟净化设施运营服务认证由中环协(北京)认证中心组织实施,实施的依据是《餐饮业油烟净化设施运营服务认证实施规则》,服务认证实施规则规定了服务认证的适用范围、认证模式、认证的基本环节、认证依据、认证实施的基本要求、认证证书、认证标志的使用、收费 8 个环节,其中主要的认证要素及说明如下。

1. 认证模式和基本环节

认证采取现场审查＋认证后监督的模式。

认证的基本环节包括:认证申请、型式审查、现场审查、认证结果评价、公示、批准、认证后的监督。

2. 认证申请要求

(1)我国目前从事餐饮油烟设施运营的单位主要以清洗服务为主,从事清洗服务门槛较低,且清洗技术也容易掌握,因此清洗业务量限定申报等级。因此,本认证实施规则规定的餐饮业油烟净化设施运营服务质量不分级。

认证实施规则要求申报单位应具有运营不低于 50 套餐饮业油烟净化设施的实践,旨在体现运营单位有充分的运营实践,积累有较丰富的管理经验。

(2)认证实施规则要求现场运营人员应具有清洗、维护、检验油烟净化设施的能力,运营单位具有餐饮业油烟净化设施的清洗、维护、检验等设备,以确保具有必须的人力和物力以满足运维油烟净化设施的要求。

3. 认证审查内容

由认证机构派审查组按照《环境服务认证污染治理设施运营服务质量保证能力要求》(CCAEPI-ZD-305-4)对申报单位的服务质量保证体系及服务质量等内容进行审查。审查组必须有与认证机构签约的专职或兼职服务认证审查员参与,需要时可邀请相关领域技术专家共同参与。

审查主要包括以下几个方面。

(1)申报单位服务质量保证体系的建设和执行情况,包括:组织机构、管理制度、事故预防和应急预案、人员培训、管理和考核办法、供应商质量控制、内部审查制度等文件。

(2)运营服务人员的人员管理情况,包括:人员培训、人员能力评价、人员档案等。

(3)运营服务的制度及资料档案管理情况,包括:管理文件、人员岗位责任制度、作业指导书或操作规程、检(维)修制度、运营业绩档案、系统运营检修档案、设备维护保养档案、第三方检测报告等技术档案。

(4)运营服务现场环保设施运营状况,包括:环保设施运转情况、清洗维护记录、污染物指标排放情况等。

4. 认证后监督

认证后监督是确保获证企业持续符合服务认证要求的重要措施,获证后监督活动可以采用以下方式进行。

(1)运营服务质量保证能力抽查。

(2)运营现场抽查。

(3)获证组织自我声明。

在初次获证后第 13 个月开始到 36 个月之间进行 1～2 次监督检查,一般采取运营服务质量保证能力抽查加自我声明的方式进行,具体依据每年制定的监督检查方案实施监督。监督检查的重点是认证后企业是否持续符合环境服务认证的能力要求,以及上一次现场审查不符合项纠正措施有效性的验证。

6.4.2　油烟净化设施运营服务认证的要求

油烟净化设施运营服务认证主要是从"人机料法环"5 个影响质量管理的要素进行要求。"人"指运营相关人员,包括运营管理人员、运营人员、实验室人员;"机"指运营过程中所用的设备,检测设备;"料"指运营过程中需要用到的药剂、标样、备品配件;"法"指运营操作需要依据的作业指导书、标准;"环"指运营活动所必备的场地环境等。具体要求如下。

1. 职责和资源

(1)运营单位应规定与运营服务活动有关的各类人员的职责及相互关系。

运营单位应指定一名质量负责人,授权其负责质量管理,并确保其实施和保持。质量负责人应具有充分的能力胜任本职工作。

(2)运营单位应具备开展运营服务所必须的人员、营业场所和检测条件等资源和基础设施,建立并保持适宜开展运营服务的必要环境。

2. 人员

(1)运营单位应配备与其运行领域相适应的人员,并应建立运行管理人员和操作人员的选聘、岗位培训、考核和评价等制度及文件。

(2)运营单位应保留运行管理人员和操作人员的选聘、岗位培训、考核和评价的记录。

(3)运行管理人员的专业、教育和培训经历、能力以及经验等应能覆盖环保设施正常稳定运行的各个方面。

(4)操作人员应具备正常运行、维护设施的能力,能够按照管理文件和操作规程的要求解决和处理运行过程中发生的常见问题,熟悉异常情况的处理程序和应急措施。

3. 质量管理文件

(1)运营单位应建立并保持文件化的运营服务质量管理文件,以确保运营服务质量的相关过程有效运作。

(2)运营单位应建立与其运行项目相适应的规章制度、工艺控制文件和作业指导书,并形成文件。

(3)运营单位应制定运营服务蓝图(服务流程图),并对影响运营服务质量的关键点进行识别。

4. 供应商质量控制

(1)运营单位应对设备、配件、材料、药剂质量提出文件化的质量要求和控制程序,并建立采购产品质量验收档案记录。

(2)运营单位应对供应商进行评价,制定相关设备、配件、材料、药剂合格供应商清单,并建立供应商档案及供应渠道。

(3)运营单位应对关键设备、配件、材料、药剂合格供应商进行定期评审,确保其提供的产品持续符合要求。评审相关记录完整有效。

5. 设备、配件、材料和药剂的保存和使用

(1)设备、配件、材料、药剂的库存应能满足日常运营要求。

(2)运营单位应制定相应库房管理措施,防止设备、配件、材料、药剂进出库房等过程的损坏、变质,确保设备、配件、材料、药剂安全,满足要求。

(3)运营单位应制定相应设备、配件、材料、药剂领用管理制度,用于规范设备、材料、药剂的维护、保养、质控、使用和处置,并保存其消耗记录。

6. 运营服务过程控制

(1)运营单位应识别与运行项目有关的法律法规、政策、标准和技术要求等文件,采用其有效版本,运行过程符合相关规定。

(2)运营单位应对影响运行效果和质量的关键工序进行识别,制定相应的工艺控制文件、作业指导书或操作规程,使相关操作人员对此熟悉掌握,在运营服务过程中有效执行。

(3)运营单位在项目运营活动中,应能按照质量文件的要求对运营服务全过程进行质量控制并形成记录。

(4)运营单位应建立并保持运行关键资源和活动变更控制程序,确保不因其改变而影响运行过程的一致性。

7. 服务能力检验

(1)运营项目的污染物排放必须符合合同约定或环保行政主管部门核定的污染物排放标准和总量要求。

(2)运营现场整体环境应整洁,各项环境条件应满足仪器设备正常工作的要求。

(3)运营现场人员应能正确、熟练地掌握有关设备设施的操作、维修等技能。

(4)运营现场各类治理设备、仪器仪表及各工艺单元等应运营良好,不得无故停运。

(5)运营现场应保存完整记录,通常包括以下记录:日常巡检记录、药剂使用记录、设备清洗记录、设备故障状况及处理记录、设备及配件更换记录等。

8. 检测能力

(1)运营单位应具备与运营服务领域和活动相适应的检测能力,建立并保持文件化的管理文件和检测规程或作业指导书。检测规程或作业指导书应明确规定检测的项目、方法、周期和是否符合规定要求的判定规则等。

(2)操作人员应具备作业规定的资格和能力。

(3)用于检测的仪器设备的配置应能满足运行要求,并设置台账。检测和校准仪器设备应按规定的周期进行校准或检定。仪器设备的校准和检定状态应能被使用及管理人员方便识别。

(4)运营单位应建立并保存完整有效的运行检测活动记录。

9. 内部质量控制

(1)运营单位应编制形成文件化的程序,规定运行项目不合格情况处理的有关职责和权限。

(2)运营单位应建立客户满意度调查制度,制定相关规章制度并执行,不断对服务进行改进和提升,并保存相关记录。

(3)应建立客户投诉处理办法及流程,对运营单位的投诉尤其是对运营服务不符合标准要求的投诉,应保存记录。

10. 风险控制

(1)运营单位应对可能对环境造成影响的潜在的紧急情况和事故进行识别,并建立应急预案。运营单位应演练环境应急预案,并保存相关活动记录。

(2)对实际发生的紧急情况和事故,运营单位应能及时按照预案做出响应,并保存相关活动记录。

(3)运营单位应建立化学危险物品、易燃易爆剧毒物品管理制度。

(4)运营单位应建立二次污染管理控制制度,确保运营过程中所产生的废物得到妥善处理,不会造成二次污染,并保存相关处理记录。

第7章　餐饮业大气污染治理与监测技术应用案例

7.1　餐饮业大气污染物治理技术应用案例

7.1.1　静电式油烟净化技术(蜂巢式)

1. 企业简介

(1)企业概况

佛山市科蓝环保科技股份有限公司(以下简称"科蓝环保")的前身是天蓝环保,1992年由创始人尤今开始筹办,1993年,尤今研发出"窄极距蜂巢电场",应用于油烟净化领域。1994年,佛山市禅城区天蓝环保电器设备厂成立,2002年注册为佛山市科蓝环保设备有限公司,27年来一直专注于油烟净化领域。公司总部位置在佛山狮山大学城,生产基地位置为江门鹤山。

科蓝环保是国家高新技术企业、南海区"雄鹰计划"重点扶持企业(2016—2020)、佛山市油烟类废气净化与回收工程技术研究开发中心。公司全部产品拥有自主知识产权。截至2020年10月,公司共获得国家授权专利188件。公司主导或参与了多项标准的制定,并多次承担国家、省、市科技项目的研发工作。

(2)企业特色

企业构建了完整的出厂检验平台,包括油烟净化效率测试平台、高压电源高温老化平台、电源箱IPX5防水测试平台、电气安全检测套装等。

① 油烟净化效率测试平台

油烟净化效率测试平台如图7-1所示,可模拟测试油烟净化设备在不同的工况下(温度、湿度、菜系)的油烟净化效率等。

② 高压电源高温老化平台

高压电源高温老化平台如图7-2所示,通过高温、低温、恒温恒湿、交变湿热测试,确定元件和设备经受环境温、湿度迅速变化的能力,测试电源的可靠性,避免不良品出厂;另外通过老化测试可以使电源快速度过磨合期迅速进入到质量稳定期。

③ 电源箱IPX5防水测试平台

电源箱IPX5防水测试平台如图7-3所示。自然界雨水对设备的破坏,每年造成难以估计的经济损失。特别是电器产品因雨水造成短路而极易酿成火灾。通过IPX5防水测试的产品可以使设备在户外稳定工作,基本不受雨水影响。

④ 电气安全检测套装

企业构建了电气安全检测套装(图7-4),设备出厂前全部经接地、绝缘、耐压、泄漏等电气安全性能测试,确保设备质量可靠。

图 7-1　油烟净化效率测试平台

图 7-2　高压电源高温老化平台(见彩图)

2. 产品介绍

(1)产品概况

获证产品:BS 型静电式饮食业油烟净化设备(图 7-5),证书编号:CCAEPI-EP-2018-045。

(2)技术特点

① 第 5 代圆筒蜂巢电场技术

三级以上圆筒蜂巢电场高效净化,油烟净化效率可达 98%;第 5 代圆筒蜂巢电场全面优化了电场结构,改善了阴阳极的伏安特性,采用不锈钢材质,使设备净化效率更高,工作更稳

图 7-3　防水测试平台

图 7-4　电气安全检测套装测试现场

定,清洗周期更长(图 7-6)。

　　② 第 4 代智能数字电源

　　电源功率强劲,能量利用率高;具有软启动、恒流输出控制功能,使在设备的安装环境、烟气性质和电网供电发生变化的情况下,仍具有 98% 以上的高净化效率;数字电源能智能检测电场的清洁情况,设定最佳的高压电压电流,在确保设备运行的前提下尽量提高设备的除油烟效率,解决了油烟净化器由于电场的清洁度降低容易跳停的问题,大大延长了用户的清洗周期;可切换两种工作模式:高效模式、智能模式。

　　③ IP55 防水防尘,适应高温高湿环境

　　设备全面改善了电源工作环境,提升防潮防晒性能,防溅、抗水、防尘性能,设备电器防护

专利散热系统
IP55防水防尘

预过滤均风网

数显面板

户外热固性
纯聚酯喷涂

物联智能电源

穿芯绝缘子

门磁开关

专利不锈钢圆筒蜂巢电场

图 7-5　超洁系列 BS-216Q-12000 机型设备结构图

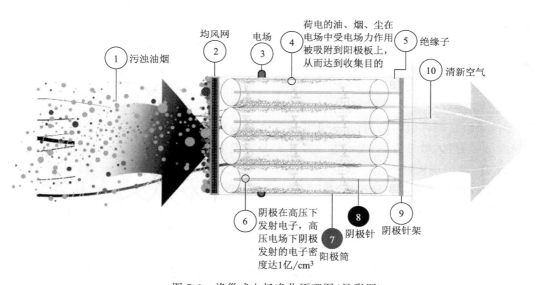

① 污浊油烟

② 均风网

③ 电场

④ 荷电的油、烟、尘在
电场中受电场力作用
被吸附到阳极板上,
从而达到收集目的

⑤ 绝缘子

⑩ 清新空气

⑥ 阴极在高压下
发射电子,高
压电场下阴极
发射的电子密
度达1亿/cm³

⑦ 阳极筒

⑧ 阴极针

⑨ 阴极针架

图 7-6　蜂巢式电场净化原理图(见彩图)

等级达到 IP55(IEC 60529:2013 标准),使设备更适应高温高湿环境,更稳定更长寿命。

④ 使用 MODBUS 通讯协议,可与楼宇智控系统连接

多单元数字化连接,控制线数字化,USB 标准接口,安装接线简单。

(3)适用范围

适用于商业综合体、酒店、校企食堂、美食街等厨房餐饮油烟净化处理。

3. 应用案例

(1)案例名称

中国科学院大学(雁栖湖校区)。

（2）案例概况

中国科学院大学（雁栖湖校区），位于北京市怀柔区，校区面积达 3348075 m^2，2019 年 7 月安装科蓝环保的油烟净化器超净系列加 UV 除味器共 22 台，处理风量 16000～65000 m^3/h。目前已安装验收完成。

7.1.2 静电式油烟净化技术（极板式）

1. 企业简介

（1）企业概况

江苏保丽洁环境科技股份有限公司成立于 2004 年，总部位于江苏省张家港市。2015 年 7 月，保丽洁登陆新三板（股票代码：832802），成为国内油烟净化第一股。

自成立以来，保丽洁一直致力于废气治理环保专用设备的研发、生产和销售，是国内大规模的油烟净化设备制造商。主要产品包括商用油烟净化设备（应用于餐饮企业、商用综合体等）与工业油烟净化设备（应用于印染、化纤等行业）。产品畅销全国，出口新加坡、伊朗、加拿大等 20 多个国家和地区，并为国内外一些知名厂商提供配套设备和 OEM 产品。

保丽洁获得国家高新技术企业、AAA 级信用企业、苏州名牌产品、江苏省示范智能车间等资质，通过 ISO9001、ISO14001、ISO45001 管理体系认证，拥有各类专利 81 项，其中 21 项国家发明专利；系列产品通过 CE、RoHS、CQC、CCEP 中国环境保护产品等认证。

（2）企业特色

近年来，随着智能制造、物联网等新兴技术日渐成熟与应用，保丽洁积极创新、与时俱进。一方面，通过升级改造智能制造体系，确保生产效率与产品品质，另一方面，通过运用物联网技术，帮助用户提升数字化管理能力——让油烟净化进入移动互联时代。

（3）智能制造

保丽洁采取从硬件、软件、通信、企业管理等方面多管齐下的方针，规划并实施智能化发展战略，历时 3 年、投入数千万元，完成废气净化设备智能生产车间升级改造（图 7-7 至图 7-10）。2019 年 11 月，保丽洁获评苏州市示范智能车间（废气治理设备箱体智能生产车间）；2020 年 1 月，进一步获评江苏省示范智能车间（废气净化设备制造车间）。

保丽洁的智能化箱体生产车间由卷料冲剪自动生产线、机器人数控板料折弯加工单元、机器人焊接系统、喷淋塔机器人焊接工作站、自动化喷粉喷涂线等构成。卷料送达工位后，设备根据参数自动开卷、冲压成型，通过输送线进入数控折弯柔性加工单元，折弯成型后送至机器人焊接工作站自动焊接，再由轨道输送至机器人打磨系统，最后进入喷粉喷涂线。

整个生产过程实行智能化跟踪管理和实时调度。通过 PLM、ERP、MES 等系统相连，进行生产线计划管理，包括接收生产计划、管理生产工单、车间排程、物流配送等。

2. 产品介绍

（1）产品概况

获证产品：LK 型静电式饮食业油烟净化设备（图 7-11），证书编号：CCAEPI-EP-2018-896。

LK 油烟净化器，是江苏保丽洁环境科技股份有限公司研发生产的极板式静电油烟净化器，获得中国环境保护产品 CCEP 认证与欧盟 CE 认证，具有高效率、低能耗等特点。

图 7-7　卷料冲剪柔性生产线

图 7-8　机器人数控板料折弯柔性加工单元(见彩图)

图 7-9　伺服电机弯板中心

图 7-10　机器人焊接系统

工作原理:保丽洁 LK 油烟净化器为二级式静电吸附型,用来去除细微粒径的碳氢化合物和其他空气中的杂粒。二级式是指电离区与吸附区,每个电离区由一系列钨钢线组成,安装在一系列接地板中间,并通给高压直流电。大气中的微粒在通过电离器的强力静电场时,被电离并带有正或负电荷。每个吸附区由很多数量的平行板组成,通以高压直流电(极性与电离器一致,但电压减半)以形成电场,带电微粒被接地板吸引的同时也受到带电板的驱赶。正因如此,当气流中含有带电微粒时,可以被高效去除(图 7-12)。

图 7-11　LK 静电油烟净化器

　　净化效果:油烟净化效率≥90%,符合国家排放标准和地方排放标准,可充分满足餐饮业油烟净化需求。

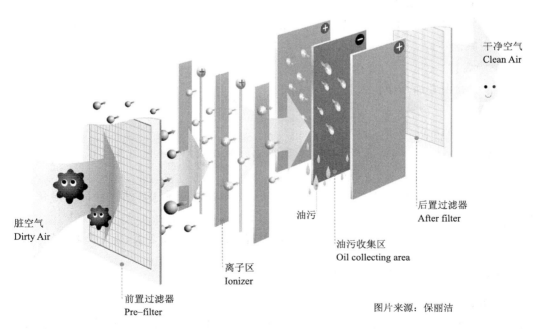

图片来源:保丽洁

图 7-12　静电净化原理示意图(见彩图)

(2)技术特点

① 专利智能电源技术

LK 油烟净化器采用的是保丽洁自主研发、生产的 SPP 高压电源,同样通过了中国环境保护产品 CCEP 认证(证书编号:CCAEPI-RG-Q-041)。该电源采用嵌入式计算机技术,将 10 多年油烟净化经验转化成计算机程序,实时动态调整工作状态,使净化器稳定并发挥最大的效率。智能化运算,确保电场能量在高效中动态平衡,稳定、节能。

② 专利双区板线电场

双区是指电离区和吸附区分开,可任意组合成不同的处理风量,具有耗电少、效率高、体积小、重量轻、易清洗的特点。科学合理的电场极片间距,兼顾了机械强度、吸附面积和气流均匀的最优值;理想的放电间距,确保放电无盲区、电晕均匀、净化效率高且性能稳定。

③ 模块化、安全化设计

从处理风量及功能维度,把产品设计成标准模块,便于客户按不同工况和净化要求进行任意及快速组装。

④ 在线监控与自动清洗

用户可以根据需要选择"油烟 E 管家"云平台监控与服务,通过数字化管理更好地监控与运维;自动清洗模块,能够有效延长油烟净化设备的清洗维护周期,减少运维次数,节约运维成本。

(3)适用范围

保丽洁 LK 油烟净化器分为 LK 单用机型和 LK/E 组合机型两类,均可根据实际净化量需要,叠加风量使用,LK/E 组合机型可与 UV 光解系列、CB 活性炭系列净化器组合使用,形成静电复合式油烟净化机组,更高效地净化油烟、异味与非甲烷总烃。

LK 型静电油烟净化器具有多种型号,处理风量从 3000～48000 m^3/h,净化效率从 90%～98% 不等,可根据现场需求,任意组合风量,能够有效满足餐饮业油烟净化的需要。

3. 应用案例

(1)案例名称

浙江省宁波中心油烟净化项目。

(2)案例概况

项目时间:2018 年。

项目地址:浙江省宁波市鄞州区福明街道东部新城嘉会街 288 号绿城宁波中心大厦。

处理风量:200 万 m^3 以上,落地安装。

净化设备:采用保丽洁 LK/E 油烟净化器、UV 光解净化器和 CB 活性炭吸附净化器等模化组合。

运行效果:净化效率高,质量稳定。净化效果符合国标与地标要求,通过验收,达标排放。

7.1.3 机械静电复合式净化技术

1. 企业简介

广州贝思兰环保科技有限公司(以下简称"贝思兰")成立于 2007 年,地处珠三角的核心腹地——广州市,经过近 10 多年的发展,目前已成为一个拥有提高自己知识产权、集研发和销售为一体的专业化餐饮油烟在线监控(监测)和治理服务的专业化公司。

2015 年 3 月贝思兰获得"风机动态油烟防护罩"发明专利证书,此专利产品采用立体进风,可在风速相同的情况下,将处理效率提升 3 倍。

2. 产品介绍

(1)产品概况

获证产品:SK 型静电式饮食业油烟净化设备,证书编号:CCAEPI-EP-2019-1078。

① 产品结构和组成

该产品的组成为:静态隔油网+血滴子(高速旋转动态拦截 304 不锈钢材质网盘)+静电电场+机械静电复合式饮食业油烟净化设备一体机外壳。

该产品的结构如图 7-13 所示。

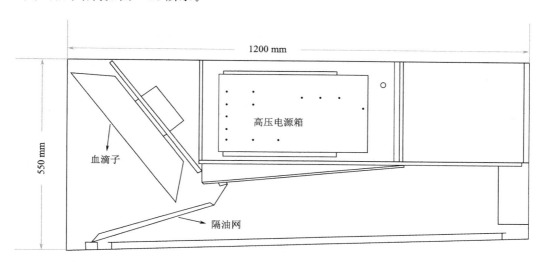

图 7-13　产品结构示意图

② 静电电场的形态

该产品的静电电场形态为:智能保护型高压电源;铝合金高低压一体化板式电场;独家专利设计特殊材料高压绝缘子;箱体为优质冷轧板+高温静电喷漆。

(2)技术特点

该产品的技术特点为:动态拦截机械静电复合式饮食业油烟净化设备一体机内置独立电机,电机与净化装置同轴连体共转,同时实现油烟动态物理净化,通过金属防护罩动态过滤拦截、多层旋风分离器碰撞及表面粘连、静电净化器除油多重治理手段,最终实现排治一体化同时达到除油除烟除味。同时可配备在线自动监控功能,达到在线监控风机油烟静化器工作状态。

(3)适用范围

适用于餐饮经营场所、露天烧烤、食品加工厂、机械加工厂企事业单位食堂及家庭厨房的油烟污染治理。

3. 应用案例

(1)案例名称

广东省储备粮管理总公司职工食堂油烟治理。

(2)案例概况

项目地址:广州市越秀区东风中路 313 号。

项目规模:6000 m^3/h。

投运时间:2019 年 8 月。

验收情况:已验收合格。

7.1.4 机械式净化技术

1. 企业简介

深圳厨之道环保高科有限公司(以下简称"厨之道")成立于 2001 年,拥有一支由研究员、教授、硕士研究生组成的研发团队,长期专业从事油烟治理技术的研究及其产品的研发、生产及油烟治理工程。

自 2008 年开始,采用动态物理屏蔽原理及其精准数学计算公式,开发出了一种高效可持续的烟罩式油烟净化机,有效解决了油烟治理中高效持久净化回收油烟颗粒的关键技术问题。厨之道"动态物理屏蔽净化技术"荣获中国发明专利两项,获得美国发明专利、英国发明专利各一项。

2. 产品介绍

(1)产品概况

① 产品结构和组成

采用自主发明专利"动态物理屏蔽净化器"与厨房烟罩内仓优化匹配制造的一种高效可持续净化回收油烟颗粒的餐饮高效油烟净化机。简称动态屏蔽烟罩式油烟净化机。

该产品的结构如图 7-14 所示。

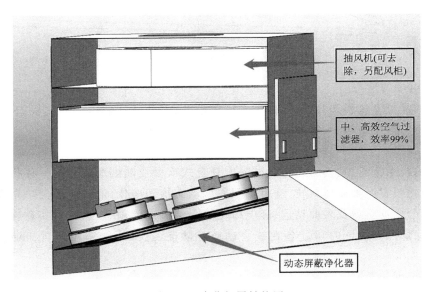

图 7-14　净化烟罩结构图

烹饪时产生的油烟颗粒在烟罩的入口处被按技术规范匹配的数个高速旋转的屏蔽器高效拦截回收至集油盒,同时大颗粒烟尘被粘附在屏蔽器的辐条上,少量微颗粒可见烟尘再被复合在烟罩内的高效空气过滤器吸附(玻璃纤维高密度材料)。

该产品的重点控制参数:油烟流经动态屏蔽的速度为 2.5 m/s,并且流经每一个动态屏蔽的速度基本一致。

按照该产品的技术规范,每米烟罩最少匹配 4 个 Φ330 且转速在 1400 转/min 的动态屏蔽器,每米烟罩的处理风量≥2700 m³/h。

（2）技术特点

① 油烟除去率高且长期

本产品发明专利的核心是油烟颗粒与动态物理屏蔽器辐条的碰撞机率。该产品在科学、规范的理论指导下,可以实现油烟长期达标排放的目的。

② 前端净化回收油烟颗粒

确保了整个抽排系统的洁净,减少风管、风机的清洗,降低油烟火灾的概率。

③ 清洗维护简单快捷,成本低且客户可自行完成

本产品的清洗维护部件主要是动态屏蔽器,只需用洗洁剂甚至清水定时喷洗动态屏蔽器即可,也可以安装自动喷洗控制系统进行定时喷洗。

④ 安装方便,占用空间少,施工费用低、周期短。

（3）适用范围

适用于餐饮经营场所、露天烧烤、食品加工厂、机械加工厂、企事业单位食堂及家庭厨房的油烟污染治理。

3. 应用案例

（1）案例名称

沈阳市人大常委会食堂油烟治理工程。

（2）案例概况

沈阳市人大办公楼食堂有炒炉、大锅炉共灶头 10 个、烟罩长度 11 m、就餐人数 320 人次,处理风量 25000 m³/h。油烟经 800 mm×800 mm 管道汇聚到 4 楼楼顶后,由柜式风机排至室外大气。

针对沈阳市人大厨房现状、周围环境、现场空间位置及环保要求,设计安装复合式净化机（规格:2000 mm×1200 mm×780 mm）5 台,油烟排放浓度可达到 0.21 mg/m³。

7.2　餐饮业大气污染物在线监测技术应用案例

7.2.1　在线监测设备应用案例

1. 企业简介

广州博控自动化技术有限公司创立于 2003 年,是国内领先的环保物联网系统专业供应商,国家高新技术企业。公司专注于环境在线监测技术的研发和应用,致力推动环境信息资源高效、精准的传递,为运营商客户、企业用户和行政监管部门提供优质高效的解决方案、产品和服务。公司业务围绕"环保污染源在线监测""餐饮油烟在线监测""水质在线监测""低功耗分布式监测"等开展。

2. 产品介绍

（1）产品概况

获证产品:K29 型饮食业油烟浓度在线监控系统,证书编号:CCAEPI-EP-2019-705。

K29 型油烟监控仪由监控仪主机和油烟探头两部分组成,工艺流程图如图 7-15 所示。

① 监控仪主机

a. 主机集成 GPRS 无线通信模块（可选 2G/4G/NB-IOT）,采用实时在线、自动上报的工作方式。

b. 主机带有油烟探头专用接口,用于连接探头、主机通过控制探头采集并读取油烟原始数据,进行综合计算,最终得到油烟浓度值和颗粒物浓度值。

c. 主机带有拓展的开关量输入和继电器输出接口,可用于监控风机和净化器的工作状态,根据浓度数据自动控制净化器的开停机,从而达到自动控制的目的。

② 油烟探头

a. 专利油烟探头技术,能对多种油烟成分进行综合分析。

b. 测量精度高、响应迅速,测量范围:油烟浓度 $0\sim8$ mg/m^3、颗粒物浓度 $0\sim10$ mg/m^3。

c. 探头采用特殊设计,能有效抵抗油烟污染,安装/清洗简单、维护周期长。

(2)技术特点

油烟浓度探头采用了特殊的设计和保护技术,使得探头能有效抵抗油烟污染,从而有效延长了探头的使用寿命,使得设备的维护简单,维护成本低。

设备可有效探测到对探头的人为或非人为的破坏。如果探头与采集器之间的电缆被拔下或者破坏,RTU油烟监控仪主机会自动识别并报警;如果探头被移动或拆下,RTU油烟监控仪主机也会自动识别并报警,从而有效防止设备被破坏或者被不正常使用。

(3)适用范围

餐饮业油烟在线监测。测量范围:油烟浓度 $0\sim8$ mg/m^3。

3. 应用案例

(1)案例名称

深圳市龙岗区天安云谷。

(2)案例概况

类型:深圳市龙岗区天安云谷是集饮食、娱乐、购物、办公于一体的商业大楼。

规模:共安装了9台油烟监控仪,通过探头测量烟道里面的油烟浓度,达到设定的浓度界限值就会开启风机,小于浓度界限值时则关闭风机。

投运时间:2017年。

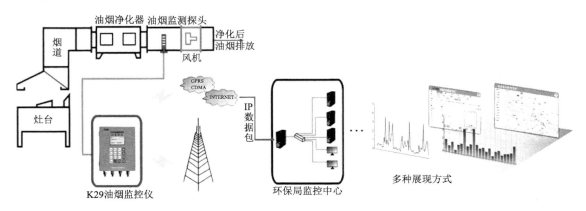

图 7-15 工艺流程图

7.2.2 在线监测设备和监测平台应用案例

1. 企业简介

北京万维盈创科技发展有限公司成立于2004年,总部注册于有"中国硅谷"之称的北京中关村翠湖科技园云中心。公司以"互联网＋环保"为主线,"创造智慧环保"为发展愿景,秉承创造出让环境管理更便捷、更智慧的实践精神,为政府与企业用户的环境管理决策提供稳定可靠的产品与技术服务。

2. 产品介绍

(1)产品概况

获证产品:W5100YM 型餐饮业油烟在线监控仪,证书编号:CCAEPI-EP-2018-156。

W5100YM 型餐饮业油烟在线监控仪是利用物联网感知技术、4G 无线通讯技术等开发的一套高性能的集油烟监测、数据采集、数据传输为一体的系统。可对污染物的排放浓度、净化器运行状态、风机运行状态等指标进行在线监控,可为监管方提供全面的油烟排放状况信息。

(2)技术特点

① 实时监测净化器和风机的开关状态,可扩展对净化器运行状态的智能诊断。

② 采用动态加热系统降低气溶胶物质残留及烟气湿度,提高传感器使用寿命。

③ 具有防拆卸保护功能,防止异常拆除。

④ 支持 4G 全网通数据通讯,支持专网接入,执行 HJ 212—2017 通讯协议。

⑤ 断点续传功能,保证数据在线率达到 99％。

⑥ 一体化结构设计,防水、防尘、防破坏,便于设备维护和户外应用;可选分体式结构,支持"一主机多探头"模式。

(3)适用范围

产品主要应用领域为餐饮企业、机关单位食堂、食品加工企业。

3. 检测平台介绍

(1)平台概述

餐饮油烟"监管治服"一体化平台包括在线监测、监督监管、净化治理、运营服务、评价分析、一企一档六大业务板块,支持 web、APP、微信三端数据访问,实现对餐饮企业的全生命周期监管,对区域净化器产品、服务商科学评价,为监管决策提供基础数据,为治理设备选型提供科学参考。

(2)适用范围

应用于生态环境局、城市管理执法局、市场监督局等监管部门,促减排、降投诉,量化评估餐饮油烟大气污染物排放贡献率。

(3)界面展示

如图 7-16 所示。

4. 应用案例 1——油烟在线监测设备

(1)案例名称

北京市昌平区油烟净化器运行状态监控项目。

(2)案例概况

实现辖区内 13 个街道(镇)450 套油烟净化设备运行状态监控仪安装及运维,部分安装现场如图 7-17 所示。对辖区内 2019 年完成的净化器提标改造的餐饮服务单位开展净化器运行状态监控,智能诊断净化器的运行情况,主动提醒故障和待清洗消息,以推动净化器规范化服务,保障改造后净化器的治理成效。

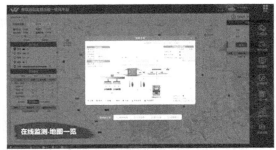

图 7-16　检测平台界面展示

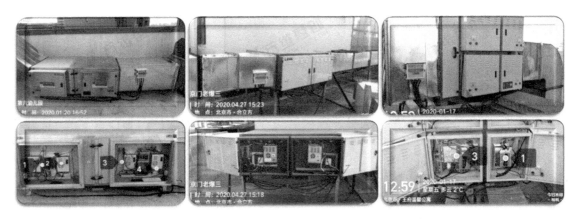

图 7-17　油烟在线监测设备部分应用现场

5. 应用案例 2——油烟在线监测平台

（1）案例名称

北京市通州区餐饮油烟"监·管·治·服"一体化示范工程,该项目入选了中国环境保护产业协会组织的《2018 年重点环境保护实用技术示范工程名录》。

（2）案例概况

从 2015 年至今,分为 3 个阶段的建设。2015 年开展餐饮油烟在线监测试点建设工作,实现对分散餐饮企业的集中监管。2017 年进一步探索建立基于"互联网＋餐饮油烟监·管·治"一体化的管理机制,对现场净化器清洗服务工作实现全过程信息化管理,实现"以管促治"的目标。2019 年完成通州区餐饮油烟"监·管·治·服"一体化平台升级(图 7-18),针对 2019 年通州区 1000 家完成净化器提标改造的餐饮服务单位提供污染物排放浓度和净化器运行状态监测的数据分析应用服务,并制定了《通州区餐饮油烟监管治服一体化工作指南》,保障通州区净化器提标改造的治理成效。

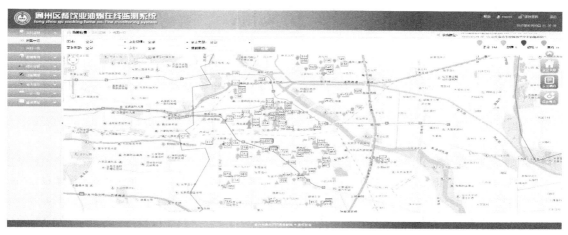

图 7-18　一体化平台展示

参考文献

[1] 深圳市环境监测中心站,北京大学深圳研究生院,北京市环境保护科学研究院.餐饮业油烟污染物排放标准(征求意见稿)编制说明[Z].2019.8.23.

[2] 本刊编辑部.我国餐饮业再创新高 2019 年实现收入 46721 亿元[J].餐饮世界,2020(2):80.

[3] 郑重.外卖业务促进餐饮业高质量发展[J].商业文化,2020(16):76-81.

[4] 云程.北京餐饮品质提升正驶入快车道[J].中外企业文化,2019(7):60.

[5] 高俊敏,李百战,金振星.重庆市油烟污染现状调查及原因分析和防治对策[J].重庆建筑大学学报,2008,30(1):83-87.

[6] 刘章现,肖晓存,杜玲枝,等.饮食业油烟净化技术与应用[J].环境污染治理技术与设备,2006,7(9):103-106.

[7] 王秀艳,史建武,白志鹏,等.沈阳市烹饪油烟中 VOCs 排放特征分析[J].中国人口·资源与环境,2011,21(S1):364-366.

[8] 吴芳谷,汪彤,陈虹桥,等.餐饮油烟排放特征[C].中国颗粒学会 2002 年年会暨海峡两岸颗粒技术研讨会,中国广西桂林,2002.

[9] 赵紫微,童梦雪,李源遽,等.深圳市餐饮源排放颗粒物的特征[J].环境化学,2020,39(7):1763-1773.

[10] 崔彤,程婧晨,何万清,等.北京市典型餐饮企业 VOCs 排放特征研究[J].环境科学,2015,36(5):1523-1529.

[11] 程婧晨,崔彤,何万清,等.北京市典型餐饮企业油烟中醛酮类化合物污染特征[J].环境科学,2015,36(8):2743-2749.

[12] LOH C,Study on profiles of cooking fumes in Hong Kong final report[R].Revised 8 November 2006.

[13] 孙成一,白画画,陈雪,等.北京市餐饮业大气污染物排放特征[J].环境科学,2020,41(6):2596-2601.

[14] 何万清,王天意,邵霞,等.北京市典型餐饮企业大气污染物排放特征[J].环境科学,2020,41(5):2050-2056.

[15] 沈孝兵,浦跃朴,王志浩,等.烹调油烟对暴露人群的免疫损伤作用[J].环境与职业医学,2005,22(1):17-19.

[16] 王秀艳,高爽,周家岐,等.餐饮油烟中挥发性有机物风险评估[J].环境科学研究,2012,25(12):1359-1363.

[17] 奉水东,凌宏艳,陈锋.烹调油烟与女性肺癌关系的 Meta 分析[J].环境与健康杂志,2003,20(6):353-354.

[18] 中华人民共和国国家质量监督检验检疫总局.合格评定产品、过程和服务认证机构要求:GB/T 27065—2015[S].北京:中国标准出版社,2016.

[19] 张佳军.我国产品认证及其规制研究[D].西安:西北大学,2009.

[20] 易斌,燕中凯.环境保护产品认证在我国的发展[J].环境保护,2005(2):66-69.

[21] 燕中凯,王则武.我国环境保护产品 t 认证发展概述[J].中国环保产业,2007(5):12-15.

[22] 国家认证认可监督管理委员会强制性产品认证技术专家组工厂检查组.中国强制性产品认证工厂检查培训教材[M].北京:中国标准出版社,2015.

图 7-2　高压电源高温老化平台

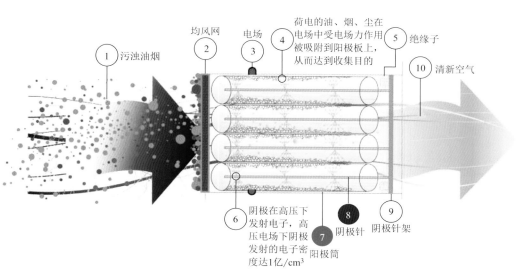

图 7-6　蜂巢式电场净化原理图

图 7-8　机器人数控板料折弯柔性加工单元

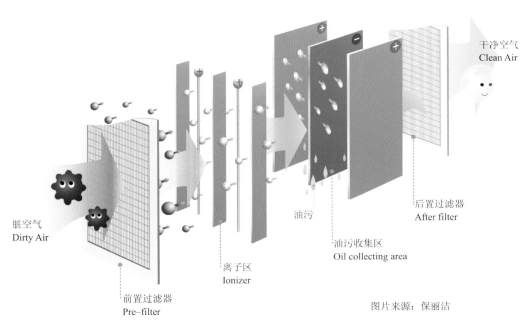

脏空气
Dirty Air

离子区
Ionizer

前置过滤器
Pre-filter

油污

油污收集区
Oil collecting area

后置过滤器
After filter

干净空气
Clean Air

图片来源：保丽洁

图 7-12　静电净化原理示意图